KB093112

아무튼 알고 타자!

타이어 정복기

All about TIRE

한상우 · 김치현 지음
박장우 · 임치학 편성 교열

GoldenBell
www.gbbook.co.kr

우리나라 최초의 타이어 회사는 일제 강점기 시절인 1941년 3월, 지금의 한국타이어의 모태인 브리지스톤이 〈조선다이야공업〉을 설립하였고, 이듬해 10월 영등포공장 준공 후 자동차용 타이어를 생산하면서부터 국내 타이어 제조사는 한국, 금호, 넥센 모두 3개사로 늘어났다.

최근 발표된 〈대한타이어산업협회〉 자료에 따르면 2019년 자동차용 타이어 판매 예상량은 전년대비 0.8% 증가한 9,480만 개이며, 그 중 약 75.6%가 전 세계로 수출될 것으로 전망했다.

글로벌 경쟁 무대에서 우리나라 기업의 위상은 한국타이어가 글로벌 7위로 랭크되어 있으며, 브리지스톤, 미쉐린, 굿이어 등 Big3의 뒤를 바짝 추격하고 있다.

자동차를 매일같이 운전하는 우리는 타이어에 대해 얼마나 알고 있을까? 국내 K타이어 회사에서 구매 고객을 대상으로 이런 질문을 했다.

Q : "타이어가 안전에 매우 밀접한 부품이라고 생각 하시나요?"
A : "네 그렇게 생각하고 있다."
Q : "1년에 공기주입과 위치교환은 몇 번 하시나요?"
A : "공기주입과 위치교환은 카센터에서 알아서 해준다."

이런 웃지 못 할 답변이 응답자 중 70%가 있었다고 한다. 예전에는 트렁크에 스페어타이어가 있는지도 모르는 운전자가 많았다. 어디에서도 타이어에 대한 정확한 정보를 얻기 힘들었고 인터넷에서 서핑하며 찾아내는 정보는 많을지 모르나 사실여부를 검증할 수 없는 " ~카더라!" 정보만 무성하다 보니 어느 것이 정답인지 혼란만 가중될 뿐이다.

국내 자동차 관련업에 20여년 이상 몸담고 있는 필자도 막상 타이어에 대한 공부를 하기 위해 시중에 타이어 관련 자료를 찾아보면 전무한 게 현실이다. 평소에 갈증을 느끼던 차에 마침 (주)골든벨 대표로부터 타이어 출

판 의뢰를 받고 기획 편성에 참여한 것이다.

책의 구성은 전체 5파트로 나누었다. 순서에 상관없이 필요한 부분을 골라서 볼 수 있도록 구성하였으며, 다소 생소한 용어들은 별도로 용어정리를 통해 이해하기 쉽도록 하였다. 각 파트 중간에는 쉬어가기 코너를 통하여 타이어 관련 상식을 넓힐 수 있는 내용으로 구성하였다.

이 책은 타이어를 공부하고자 하는 학생들과 자동차업계 종사자뿐만 아니라 차량을 직접 운전하는 운전자들에게도 자동차 실생활의 정보지로 남고 싶다. 책의 내용 및 방향성을 위해 편성 교열한 두원공과대학의 박장우 교수님과 한국폴리텍 대학의 임치학 교수님에게 고마움을 전한다.

끝으로 본 서적의 출간을 제안하시고 저자의 생각과 의지를 지원해 주신 30년 동안 국내 유일 '자동차전문 출판'만을 고집해 온 ㈜골든벨의 김길현 대표님과 편집진께 감사함을 표한다.

2020년 12월
한상우 · 김치현

차 례
Contents

CHAPTER **1**

이것만은 꼭 알아야 할 알짜배기 타이어 상식

1 타이어 개척자

자동차 역사와 더불어 지속적으로 진화 발전된 타이어는 1490년 콜럼버스가 최초로 고무를 발견한 이후에 여러 자동차 개발사들과 타이어 회사들을 통해서 성장해 왔다. 많은 사람들이 거론되지만 굳이 두 사람 정도로 압축하자면 개인적으로는 미국의 찰스 굿이어Charles Goodyear(1800~1860) 와 영국의 던롭Dunlop(1888~1921)에 대한 이야기로 타이어에 대한 내용을 시작하고자 한다.

[표 1.1] 타이어 관련 주요 개발 역사

연도	개발자(사)	개발 내용
1845년	영국 톰슨(R. W. Tomson)	증기 자동차용 쇠바퀴 표면에 통고무를 붙임(특허 출허 및 등록되었으나 실용화는 안됨)
1888년	영국 던롭(J. B. Donlop)	쇠바퀴 자전거에 고무를 입히고 그 속에 공기를 주입
1895년	프랑스 미쉐린	파리~보드도 간을 달리는 자동차 경주에 처음으로 타이어를 자동차에 사용
1905년	미국 유나이트 스테이트사 (United Stated Co.)	항공기용 타이어
1909년	독일 콘티넨탈(Continental)	스노우 타이어 개발
1913년	영국	래디얼(Radial) 구조 특허 출현하였으나 실용화 안됨
1946년	프랑스 미쉘린	스틸 벨트 래디얼(Steel Belted Radial) 개발
1948년	미국 B, F. Goodrich	튜브리스 타이어 개발(Tubeless Tire)
1976년	미국 B, F. Goodrich	사계절 타이어 개발(All Season Tire)
1981년	-	방향성 트레드 타이어 개발(Directional Tread Tire)

※ 금호타이어 타이어 이론과 서비스 매뉴얼 참조

1 타이어용 고무 탄생 이야기

발명가였던 미국의 찰스 굿이어는 말랑말랑한 고무를 딱딱한 고무로 만들기 위해 연구 중이었다. 그런데 우연히도 1839년 39세 되던 어느 겨울날 실험실에서 고무에 여러 가지 첨가물을 넣고 실험하던 중 갑자기 방문한 손님을 맞이하기 위해 방안의 난로 위에 실험물을 올려놓고 있는 상태였다. 한참 뒤 방문객이 돌아가고 나서야 딱딱해진 고무를 보고 새로운 성질의 고무를 발명하게 되었다는 흥미로운 이야기로 기억되고 있다.

이렇게 발명된 딱딱한 고무는 당시 '찰스 굿이어'의 친구이자 사업가였던 '히람 허친슨' Hiram Hutchinson에 의해 고무장화로 개발되어 '웰리 부츠'로 만들어졌으며, 지금까지도 에이글 부츠'로 이어져 유명세를 이어가고 있다.

반면 실제로 딱딱한 고무를 발명한 '찰스 굿이어'는 말년에 여러 가지 어려움으로 인해 불행한 삶으로 인생을 마치게 되었다. 우리가 흔히 알고 있는 타이어 명가인 '굿이어' 타이어는 당시 '찰스 굿이어'가 설립한 회사는 아니다. 1896년 미국의 사업가인 '프랭크 세이버링'이 찰스 굿이어를 기념하여 회사명을 '굿이어'로 정하고 명문 타이어 회사로 발전 시켰다.

[그림 1.1] 찰스 굿이어의 타이어용 고무 발명

넛지 고무의 특성을 획기적으로 개선한 가황加黃공정을 발견한 굿이어

고무에 열을 가하면서 황을 첨가하는 과정을 가황^{Vulcanization}이라고 하며, 영어 어원은 로마 신화에 나오는 불의 신 벌칸^{Vulcan}에서 따온 것이다. 천연 고무는 열을 가하면 탄성을 잃고 끈적끈적 해진다. 이러한 고무의 특성을 획기적으로 바꾼 이가 찰스 굿이어$^{Charles Goodyear}$, 1800~1860 이다.

일설에 의하면 고무에 대한 연구에 골몰하던 어느 날, 우연히도 천연 고무 덩어리와 황을 혼합한 물질을 뜨거운 난로 위에 떨어뜨리게 되었고, 그 결과 만들어진 고무는 천연 고무와는 달리 악조건에서도 탄성을 유지한다는 사실을 발견하였다. 어느 날 갑자기라고 후세 사람들은 이야기를 하지만 위대한 발견은 수많은 노력의 결과라고 생각한다.

왜 특별히 황을 넣었을까? 굿이어는 아마도 높은 온도에서 고무의 끈적끈적한 성질을 개선하려고 수많은 종류의 분말을 섞어서 힘든 실험을 했을 것이고, 우연한 기회에 황과 고무의 혼합물을 난로에 실수로 떨어뜨린 것이 대단한 발명으로 이어진 것이 아닐까 추정할 수 있다.

굿이어는 굉장한 발명을 했지만 왜 황이 첨가되면 고무의 특성이 변하는지를 알지는 못한 것 같다. 후에 밝혀진 사실은 고무가 가황 과정을 거치고 나면 길다란 이소프렌 고분자들이 이황화 결합으로 서로 교차결합^{crosslink}을 하여 고분자의 성질이 변한다는 것이었다. 이황화 결합이 없는 천연 고무는 길다란 고분자들이 서로 뒤엉켜 뭉쳐진 상태로, 열을 가하면 각 고분자들은 가닥으로 풀어지면서 '끈적끈적' 해지고 탄성을 잃어버리는 것이다.

이황화 결합은 머리카락을 구성하는 단백질, 케라틴^{keratin}에서도 찾을 수 있다. 미용실에서 퍼머를 하는 것은 이황화 결합을 끊었다 다시 붙이는 일, 즉 화학실험을 하는 것이다. 굿이어는 발명을 통해 특허를 획득했지만 돈도 벌지 못하고 심지어 빚만 잔뜩 남기고 생을 마감했다고 한다. 참고로 세계 최대 타이어 회사 Goodyear Tire & Rubber Company가 그의 이름을 따다 만든 것은 그의 업적을 기리기 위한 것이 아닐까 하는 추정을 한다.

2 공기타이어로의 혁신 이야기

대략 1880년대 초기의 타이어는 자동차용 타이어보다 자전거용 타이어가 더 많이 대중화되고 발전되어지고 있는 상황이었다. 영국의 수의사 겸 발명가였던 던롭은 1888년 그의 나이 48세 되던 어느 날 마당에서 놀고 있는 자녀의 자전거를 보고 아이들이 좀 더 안락하게 자전거를 탈 수 있는 방법을 고민하던 중 타이어 내부에 공기를 주입하는 방법을 강구하게 되었다.

물론 그전에도 이와 비슷한 생각을 했던 사람이 유사한 특허를 먼저 취득하긴 했으나 상용화 하는데는 실패하였다. '던롭'은 그 다음 해인 1889년 런던에 던롭 고무회사를 설립하여 제조 및 유통을 기반으로, 4년 후인 1893년에는 독일의 프랑크푸르트 부근에 제2의 고무회사를 설립하였다. 그 다음 해인 1894년에는 자동차용 와이어를 넣은 공기압 타이어를 생산하여 자동차 타이어의 대중화에 기여하게 되었다.

아직까지도 '던롭 타이어'는 매년 전세계 타이어 판매량 Top10에 유지될 만큼 글로벌한 타이어 제조회사로 성장하게 되었다.

[그림 1.2] 던롭의 공기압 자전거 타이어

넛지

존 보이드 던롭 [John Boyd Dunlop 1840~1921]

1888년에 J. B. 던롭이 공기를 불어 넣는 고무 타이어를 개발하여 특허를 얻어, '뉴매틱 타이어 앤드 부드 사이클 에이전시'를 설립하여 자전거용 공기 타이어의 제조에 나선 것이 처음이다. 1896년 고무회사를 매입하여 '바이른 브라더스 인디아 고무회사'를 설립하였다. 1900년 던롭 고무회사로 회사명을 변경하고, 6년 후 자동차용 타이어를 생산하기 시작하였다.

20세기 초 아시아·아프리카에 진출하여 고무 농원을 경영, 고무 제조의 일관체제一貫體制를 확립하였다. 제1차 세계대전 후에는 고무와 관련된 신제품들을 개발하여 생산품의 다변화를 꾀하고, 제2차 세계대전 후에는 화학·기계·정밀고무 부문에 진출하였다.

고무 원료의 원활한 공급을 위해 말레이반도에 있는 고무 농장을 사들이기 시작하여 1926년에는 영국 제1의 토지 소유자가 되었다. 그러나 1981년에는 말레이시아에 있는 땅은 그곳 투자가들에게 처분하고 회사명도 현재의 것으로 바꾸었다. 1982년에는 유럽의 많은 업체를 일본 스미토모사(社)에 팔았고, 1985년 지주회사인 BTR사(社)가 던롭을 인수하였는데, 이때 던롭의 미국회사를 매각하였다.

※ 출처: 두산백과

2 타이어 발전 과정

타이어는 마차의 시대를 넘어 1771년 최초의 자동차인 프랑스 퀴뇨의 증기 자동차부터 시작되어 자동차의 역사와 함께 발전해 왔다.

초기의 타이어는 공기 미주입형 타이어에서 시작하였고, 미국의 포드자동차를 계기로 시작된 대량 생산 체계의 돌입과 함께 공기압 타이어가 출현하였다. 그 이후에는 자동차의 성능 및 용도에 따라서 타이어도 종류가 다양화되었다.

❶ 진입기

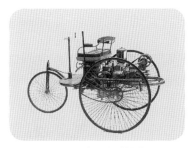

· 동력원 및 구동방식의 시험단계
· 공기압 미주입형 타이어(솔리드 타이어 또는 통고무)

❷ 대량 생산 체계

· 차량의 대량생산 체계 돌입(산업화)
· 공기압 타이어 출현

❸ 성능 차별화

· 용도 다원화에 따른 차량 디자인 변화
· 차량 특성에 따른 타이어 종류 다양화

❹ 고성능화

· 고출력, 고마력, 고성능
· 고성능 타이어

[그림 1.3] 타이어의 발전과정

최근에는 차량의 고성능화에 따라 타이어도 고성능 타이어^{UHP}가 출현하게 되었다.

자동차의 발전은 타이어 발전과 함께 하였고 타이어의 발전은 휠의 발전과 함께 하였다고 볼 수 있다. 결론적으로 자동차, 타이어, 휠 등 여러 자동차의 부품들은 항시 여러 가지 차원에서 같이 발전의 길을 걸어 왔다고 볼 수 있는 것이다.

앞으로 이 책에서는 여러 가지 타이어에 대한 이야기를 할 것이기 때문에 여기서 잠깐 휠의 발전 과정을 보고 가는 것도 향후 타이어를 이해하는데 도움이 될 듯해서 간단하게 설명하고자 한다.

타이어가 생겨나기 전부터 마차 및 초기의 증기자동차에는 바퀴(휠, Wheel)를 사용하였다. 이러한 휠의 역사는 타이어와 함께 했으며 그 발전과정은 아래 사진에서와 같이 크게 5가지로 구분할 수 있다.

1 목재 휠 (1400년대~1900년대 초기)

초기 목재 휠은 나무를 사용했으며, 고무가 사용됨에 따라서 초기에는 진동을 줄이기 위해 목재 휠 테두리에 통고무를 덧대는 등의 일체형에서 시작하여 점차 발전되어 휠과 타이어를 분리하게 되었다.

2 와이어 스포크$^{Wire\ Spoke}$휠 (1880년대~)

1886년 독일의 칼 벤츠가 세계 최초로 개발한 휘발유 자동차 모터바겐^{Motorewagen}에는 자전거 휠과 같이 여러 개의 스포크가 붙은 휠이 장착되었다. 목재 휠에 비해서는 상대적으로 가벼웠으나 자동차의 속도가 빨라짐에 따라 여러 가지 문제점들이 발생되고 해결하는 과정들을 거치게 된다.

3 디스크 휠 (1935년~)

1917년 증기자동차를 제조하던 로코보빌에 의해 처음으로 사용하기 시작하였으며 1935년부터 일반적인 자동차에 대중화 되었다. 이러한 디스크 휠은 프레스를 이용해 제작하였으며 가격이 저렴해 대량 생산을 하게 되었다.

4 알루미늄 휠 (1950년대~)

최초의 알루미늄 휠은 1924년 프랑스 부가티社에서 만든 경주용 부가티 35 타입이 처음이며 이후 합금기술의 발달에 따라 오늘날에는 대부분의 승용차에 사용되고 있다. 알루미늄 휠은 가볍고 충격 흡수 능력이 뛰어나 평소에는 브레이크 열을 빨리 식혀주며 사고 시에도 안전하게 차량을 유지시켜 준다.

5 마그네슘 휠 (1960년대~)

철과 알루미늄보다 상대적으로 가벼운 마그네슘 휠은 1958년 로터스사의 클린 채프만이 로터스 타입 15, 16에 사용한 것이 시초가 되었다. 제조 공정이 까다롭고 비싸기 때문에 아직까지는 일반화되지는 않고 일부 차량에 사용되고 있다.

3 타이어 기능

자동차에서 타이어의 기능은 크게 중량 지지, 충격 완화, 견인 및 제동 그리고 방향 전환의 4가지로 볼 수 있다.

1 중량 지지

그림에서와 같이 타이어 내의 공기압은 자동차 전체의 중량을 지탱한다. 공차 시에는 자동차의 중량만을 지지하고 화물을 실었을 때는 화물의 무게까지도 지지하고 있는 것이다.

보통 소형 승용차는 약 1~1.2톤, 중대형 승용차는 약 1.5~2.3톤 정도이고 SUV·RV 경우에는 약 1.6~2.5톤 정도이며, 버스·카고·덤프트럭 등 상용차는 약 1~27톤까지 타이어가 중량을 지지하고 있는 것이다.

2 충격 완화

자동차가 주행 중 노면으로부터 전달되는 충격을 타이어가 1차적으로 흡수하고 그 다음으로 쇽업소버(쇼바)와 스프링이 2차 충격을 흡수한다. 타이어는 도로의 요철(凹凸) 등으로부터 충격을 흡수하여 승차감을 좋게 하고 승객이나 차량의 화물을 안전하게 보호하는 역할을 한다.

③ 견인 및 제동

　자동차의 엔진으로부터 발생한 힘은 타이어와 노면의 마찰력에 의해 차량이 앞으로 나갈 수 있도록 하고, 주행 중인 차량은 제동장치에 의해 안전하게 멈출 수 있다. 이러한 견인 및 제동에 크게 영향을 주는 것이 바로 타이어이다.

④ 방향 전환

　자동차는 승객과 화물을 원하는 곳까지 운송하는 수단이다. 목적지까지 자동차가 이동하려면 직진만 할 수 없고 좌우로 방향 전환을 해야 한다. 만약 자동차에 휠^{Wheel}만 장착되어 주행을 한다면 좌우로 원활하게 방향을 전환할 수 있을까? 타이어의 접지면적과 노면의 마찰력이 작용하여 자동차는 원하는 방향으로 이동할 수 있다.

4 타이어 재료

타이어를 재료적인 측면에서 보면 크게 고무와 코드의 두 가지로 볼 수 있으며 이러한 두 가지의 재료가 섞여서 타이어를 구성하고 있다. 세부적인 타이어 재료에 대해서는 뒤에서 설명할 예정이며 여기서는 간단하게 타이어의 다른 부분을 이해하기 위해서 개념 및 주요 재료에 대해서만 이해하도록 하자.

1 고무의 종류

[표 1.2] 고무의 종류

No	고무 종류	내용
1	천연 고무	• 생나무라고도 하며, 고무나무의 수액을 건조시켜 벤젠 등의 용제가 사용된 고무풀 • 천연고무는 품질이 다양하므로 여러 가지 품질을 섞어서 사용 • 합성고무에 비해 전반적으로 성능이 우수
2	스타이렌 부타디엔 고무 (Styrene Butadiene Rubber, SBR)	• 품질이 안정되고 비교적 가격이 저렴함(전체 합성고무의 80% 차지함) • 카본 블랙이나 오일을 혼합시켜 좋은 균질의 고무로 개선됨 • 단점은 천연고무에 비해 발열이 크고 내저온성이 저하된다. (제품: 경량 타이어, 벨트, 호스, 고무판, 구두창)
3	폴리 부타디엔 고무 (Poly Butadiene Rubber, BR)	• 천연고무에 근접하게 만들어진 합성고무 • 내마모성 및 저발열성이 우수 • 칩핑 및 가공성이 나빠서 천연고무나 SBR과 혼용하여 사용 (제품: 극한지방의 가스켓)
4	폴리이소프렌 고무 (Polyisoprene Rubber, IR)	• 성질은 천연고무와 비슷하나 강도 측면에서는 저하 • 가공성 및 외관성이 가격에 비해 양호하여 사용이 증가 • 천연고무에 가장 가까운 고무(제품 : 타이어 튜브)
5	부틸 고무 (Isobutylene-isoprene Rubber, IIR)	• 열, 오존 및 약품에 강함 • 내공기 투과성이 우수하여 튜브나 튜브리스 타이어의 인너라이너 고무로 적당 • 기계적 강도와 탄성이 낮고 제조 시 접착성이 좋지 않음 (제품: 케이블 외피, 벨트, 호스)

[표 1.3] 코드 섬유의 종류

No	코드 섬유 종류	타이어 사용처	내용
1	레이온 (Rayon)	래디얼 타이어 • 카카스 • 벨트, 사이드 월	• 강력인견 또는 강력 레이온이라고 불림(19세기 후반 개발) • 펄프의 셀룰로스를 화학적으로 분해한 것을 긴 섬유로 재생 방적한 것이다.
2	나일론 (Nylon)		• 나일론은 상표명(1930년초 듀폰)이고 주로 아미드 결합을 지닌 합성고무 분자 섬유이다. • 타이어 코드용으로는 나일론 6, 나일론 66이 유명하다. • 합성섬유 가운데 가장 강도가 강한 섬유이다.
3	테트론 (Tetron)	승용차 타이어 • 카카스	• 테트론은 상표명이고 폴리머의 일종으로 화학적으로 합성시킨 고분자이다. • 용융방사법에 의해 긴 섬유의 필라멘트로 방사시킨 것이다. • 성능은 고강력이어서 마모에 강하며, 탄성이 좋고 속건성이며, 내열성이 좋다.
4	케블러 (Kevlar)	래디얼 타이어 • 벨트에지 • 사이드 월의 비드부	• 듀폰사에서 개발한 상품명으로 아라미드 섬유의 일종이다. • 강도가 크기 때문에 타이어의 보강 재료로 사용된다. • 대표적인 내열성 섬유로 기계적인 성질이 우수하나 내후성, 염색성의 문제가 있다.
5	유리섬유 (Glass Fiber)	바이어스 타이어 • 벨트	• 무기질 성분으로 글라스의 내부에는 탄성이 큰 조성을 갖고 있다. • 주성분은 이산화규소(53%), 산화칼슘(21%), 산화알루미늄(15%), 기타 산화물로 구성 • 용융한 유리를 섬유 모양으로 한 광물 섬유로써 고온에 견디고 불에 타지 않는다.
6	스틸 와이어 (Steel Wire)	래디얼 타이어 • 카카스 • 벨트	• 래디얼 타이어용으로 개발한 것으로 여러 가닥의 필라멘트(0.2mm)를 다발로 꼬아서 만든다. • 와이어 다발은 접착이 잘 되도록 황금 도금하여 사용한다. • 와이어의 구성은 탄소(0.7%), 실리콘, 크롬, 구리, 황 등을 소량 함유한 탄소강이다.

승용차용 알로이휠^{Alloy Wheel}의 장점

1. 휠의 기능

휠은 타이어를 장착 유지하고 차축의 허브(Hub)에 설치되어 엔진의 폭발 에너지를 타이어에 전달하는 역할을 하며, 요구 성능은 다음과 같다.

① 주행 시 발생하는 차의 수직 하중, 횡 하중, 구동·제동력 등 각종 응력에 견디는 강성을 가져야 한다.

② 타이어를 지지하는 림의 형상 및 치수가 정확해야 하는 정밀성이 요구된다.

③ 차량 유지의 경제성을 위한 경량성이 요구된다.

2. 알로이(Alloy)란?

합금이란 뜻의 영어 단어로 합금의 주성분에 따라 알루미늄 알로이 휠, 마그네슘 알로이 휠 등으로 구분된다. 즉, 주성분인 알루미늄 또는 마그네슘의 재질상의 특성을 보강하기 위해 타 금속을 혼합시켜 만든 휠이 알로이 휠^{Alloy Wheel}이다.

3. 알루미늄 알로이 휠

알루미늄 알로이 휠의 구성 성분이 알루미늄 92% 정도에 실리콘, 마그네슘, 티타늄 및 기타 금속을 혼합한 경금속 합금으로써 알루미늄의 재질 특성인 경량성, 열전도성, 내식성, 미적 가공 용이성 등을 이용한 휠이다.

4. 알로이 휠의 장점

① 높은 충격흡수 능력에 의한 탁월한 승차감

② 우수한 열전도율에 따른 제동 성능 및 안전성 향상

③ 정밀도의 우수성에 의한 조종 안전성의 증대

④ 경량화에 따른 연비 절감 및 가속성 향상

휠의 경량화로 인해 스프링(쇽업소버)의 하부 중량이 약 30% 정도 감소하여 연료 절감 및 가속 능력이 향상된다.

알루미늄의 비중은 2.7로 강철의 7.9에 비해 1/3정도 가볍고 휠 1개당 약 2.5kg의 차이가 있어 스틸^{Steel} 휠의 장착 차량보다 약 10kg(4륜 합계) 정도 가벼워 4~5%의 연료절감 효과를 얻을 수 있다.

전체 차량의 중량과 비교해 보면 10kg이 아무것도 아닌 것처럼 보이나 스프링 아래 부분의 중량이 1kg 정도 가벼워질 때 스프링 윗부분이 약 10~15kg 정도 가벼워진 것과 같은 효과를 낸다.

> 알로이휠 1개당 무게감소 : 2.5kg ---> 차량 상부중량 약 30kg 감소효과
> 알로이휠 4개당 무게감소 : 10kg ---> 차량 상부중량 약 120kg 감소효과

CHAPTER **2**

타이어 둘러보기

타이어 구조 및 각부 명칭

타이어의 단면은 종류에 따라 차이가 있지만 일반적으로 아래와 같은 구조를 갖고 있다.

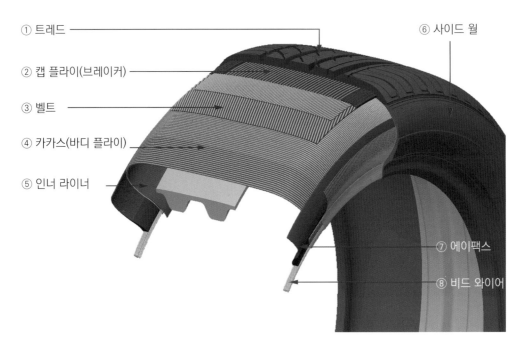

① 트레드

② 캡 플라이(브레이커)

③ 벨트

④ 카카스(바디 플라이)

⑤ 인너 라이너

⑥ 사이드 월

⑦ 에이팩스

⑧ 비드 와이어

[그림 2.1] 타이어 구조

1 트레드 ^{Tread}

노면과 접촉하는 부분으로 제동 및 구동에 필요한 마찰력을 주고 내마모성이 양호하여야 한다. 외부 충격에 견딜 수 있어야 하고 발열이 적어야 한다.

트레드의 주요 요구특성은 내마모성, 내컷팅^{Cutting}성, 내크랙^{Crack}성, 저연비성, 내발열성 등이다.

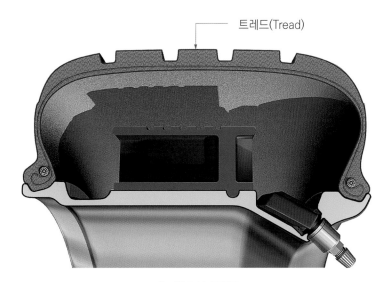

트레드(Tread)

[그림 2.2] 트레드

용어정리

① **내마모성**: 마찰에도 닳지 않고 잘 견디는 성질   ② **내컷팅성**: 잘려지지 않으려는 성질
③ **내크랙성**: 갈라지지 않으려는 성질   ④ **저연비성**: 연료 소모량이 적게 발생하려는 성질
⑤ **내발열성**: 열이 발생하지 않으려는 성질

■ 타이어 타입^{Type} 별 트레드의 요건은 아래 표와 같다.

[표 2.1] 트레드의 요건

고성능 타이어 (High Performance Tire)	하이그립 앤 웻(High Grip & Wet) 성능 및 내 발열성을 중시한다.
사계절 타이어(All Season Tire)	내 마모성 및 NVH(Noise Vibration Harshness) 성능을 중시한다.
겨울용 타이어(Winter Tire)	저온하 소프트니스(Softness) 유지 및 결빙로 그립력을 극대화한다.

트레드 패턴의 기능은 형상 및 그루브^{Groove}의 깊이 변화에 따라 제동, 구동 성능 및 R&H, NVH 성능 차이가 나타나며 운전자의 시각에서는 타이어의 외관도 패턴에 따라 다르게 느껴진다.

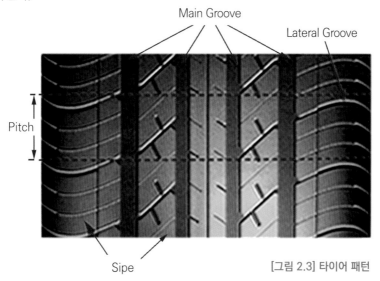

[그림 2.3] 타이어 패턴

■ 트레드 패턴 설계의 요소는 다음의 표와 같다.

메인 그루브(Main Groove)갯수, 폭, 깊이, 위치	접지율, 배수성, 원더링(Wandering)
측면 그루브(Lateral Groove)형상, 갯수, 깊이, 방향성	접지율, 배수성, 풀링(Pulling) , NVH, R & H, 그립(Grip), 마모
홈(Sipe) 형상, 갯수, 깊이, 위치	라이드(Ride), NVH, 마모, 그립(Grip)
피치(Pitch) 갯수, 크기, 배열	NVH, 마모

 용어정리

① 배수성 : 트레드 홈(Groove)을 따라 물이 빠지는 성질
② 원더링(Wandering) : 주행중 차량이 좌우로 방황하는 현상
③ 풀링(Pulling) : 주행하는 자동차를 한 쪽 방향으로 당기는 힘 또는 쏠리는 힘을 말한다.
④ NVH : Noise(소음), Vibration(진동), Harshness(거슬림)의 약자
⑤ 그립(Grip) : 트레드 고무가 도로에 접촉하면서 발생되는 마찰 견인력.
⑥ 라이드(Ride) : 승차감
⑦ R & H : Ride & Handling, 승차감과 핸들 조정감각
⑧ 접지율 : 트레드 패턴의 In-Out 접지 비율

2 캡 플라이^{Cap PLY or Braker}

래디얼 타이어의 벨트 위에 위치한 특수 코드로 주행 시 벨트의 움직임을 최소화해서 내구성을 우수하게 한다. 보강된 캡 플라이는 고속 주행 시 원심력 및 벨트의 변형으로 인한 벨트 층간 세퍼레이션^{Separation}(박리 현상)을 방지하며 고속 내구성을 향상시키기 위해 나일론^{Nylon}계의 보강 코드지를 사용한다.

아래 그림의 벨트 쿠션^{Belt Cushion}은 벨트 엣지^{Edge}부의 층간 전단 응력을 감소시켜 세퍼레이션을 방지하기 위해 내열 러버^{Rubber} 시트를 삽입한 것이다.

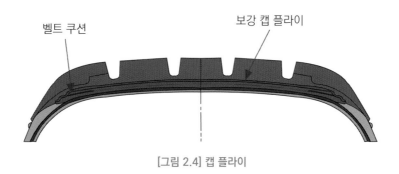

벨트 쿠션　　보강 캡 플라이

[그림 2.4] 캡 플라이

3 벨트^{Belt}

스틸 벨트로 구성되며, 외부의 충격을 완화시키는 것은 물론 트레드 접지면을 넓게 유지하여 주행 안정성을 우수하게 한다. 스틸 벨트는 타이어 패턴 및 콤파운드와 함께 성능에 가장 큰 영향을 미치는 부품이며, 노면 그립력, 핸들링, 라이드 등 타이어 성능의 근간이 된다.

- 타이어 벨트의 주요 요구 특성은 다음과 같다.
  ① 와이어 장력 및 내부식성이 클 것.
  ② 와이어 꼬임 정도 및 밀도를 유지할 것
  ③ 코팅 고무 접착력이 클 것
  ④ 코팅 고무 내열성이 클 것

운전 유용 Tip

■ **타이어 펑크 수리 시 주의사항**
타이어 펑크 수리는 스틸 벨트(트레드) 양끝에서 중앙부 방향으로 1cm 이내에서 발생할 경우 권장하며, 사이드 월 수리는 스틸 벨트가 없기 때문에 매우 위험하므로 절대 수리해서는 안된다.

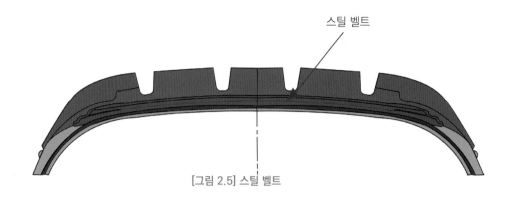

[그림 2.5] 스틸 벨트

스틸 벨트 층은 아래의 그림에서와 같이 엇갈려서 제작되며, 각 층을 구성하는 와이어도 몇 가닥의 철선이 꼬여진 철심으로 구성된다.

벨트 시트의 단단한 정도는 인치당 와이어의 가닥수로 나타낸다.

예 EPI (End Per Inch): 1인치(2.54Cm) 당 와이어의 수

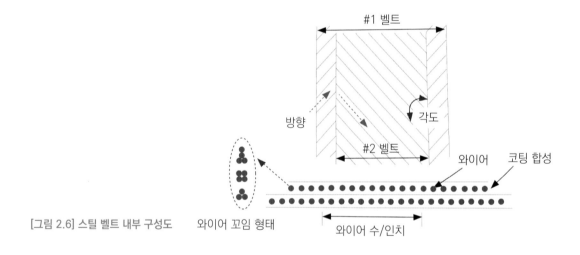

[그림 2.6] 스틸 벨트 내부 구성도

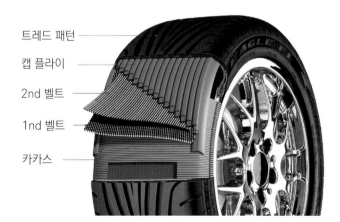

[그림 2.7] 스틸 벨트 외부 구성도

4 카카스 ^{Carcass / Body Ply}

타이어 내부의 코드 층으로 하중을 지지하고 충격에 견디며, 주행중 굴신 운동에 대한 내피로성이 강해야 한다. 카카스(바디 플라이)는 타이어의 골격을 이루는 뼈대의 역할을 하며, 인너 라이너와 함께 공기압을 유지하여 외부로부터 부가되는 하중을 지지한다.

재질은 주로 폴리에스터^{Polyester}와 레이온^{Rayon}이 사용되며, 타이어의 종류에 따라 카카스의 코드 재질, 경·밀도, 콤파운드를 달리하여 구성한다.

- **카카스의 주요 요구 특성은 아래와 같다.**
  ① 충격 흡수성 및 충격 저항성이 있어야 한다.
  ② 치수의 안정성이 있어야 한다.
  ③ 플랫 스포팅 레지스턴스^{Flat Spotting Resistance}

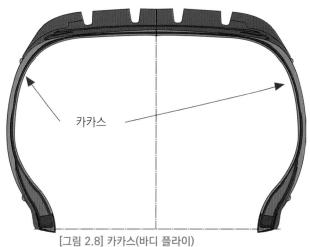

카카스

[그림 2.8] 카카스(바디 플라이)

용어정리

굴신 운동(屈伸運動): 타이어가 회전 중 사이드 월(Sidewall)에 발생하는 상하 좌우 굽힘 현상을 말하며, 편평비(시리즈)가 높은 제품에 비해 낮은 제품이 상대적으로 굴신 운동이 적고 고속주행 시 흔들림이 적어 안정적인 핸들링이 가능하다.

5 인너 라이너^{Inner Liner}

타이어 내부에 튜브^{Tube} 대신 동일한 재질의 고무층을 삽입하여 타이어의 공기압을 유지하고 공기누출을 방지하는 역할을 한다. 주요 요구 특성은 내공기 투과성이 우수한 부틸 고무^{Butyl Rubber}를 사용한다.

6 사이드 월^{Side Wall}

숄더 아래 부분부터 비드 사이의 고무층을 말하며 내부의 카카스를 보호하고 굴신운동을 함으로써 승차감을 좋게 한다. 또한 타이어 규격 등의 각종 문자와 정보들이 표시되어 있다.

카카스를 외부의 충격으로부터 보호하는 역할도 하며 주요 요구특성은 내피로성 및 인장강도, 연신율 등이 요구된다.

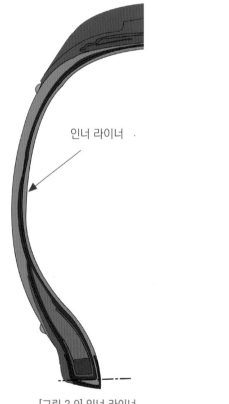

인너 라이너

[그림 2.9] 인너 라이너

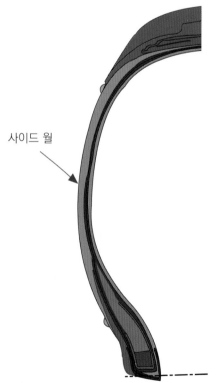

사이드 월

[그림 2.10] 사이드 월

7 에이팩스 Apex

비드의 분산을 최소화하고 외부의 충격을 완화하여 비드를 보호하는 삼각형태의 고무 충진 부품이다. 주요 기능은 사이드부의 강성을 결정하여 승차감과 조정 안정성에 결정적인 역할을 수행한다.

8 비드 와이어 Bead Wire

스틸 와이어에 고무를 피복한 사각 또는 육각형태의 와이어 번들로 타이어를 림에 안착하고 고정시키는 역할을 한다. 주요 요구 특성은 유연성, 굽힘 강도, 인장응력 등이다.

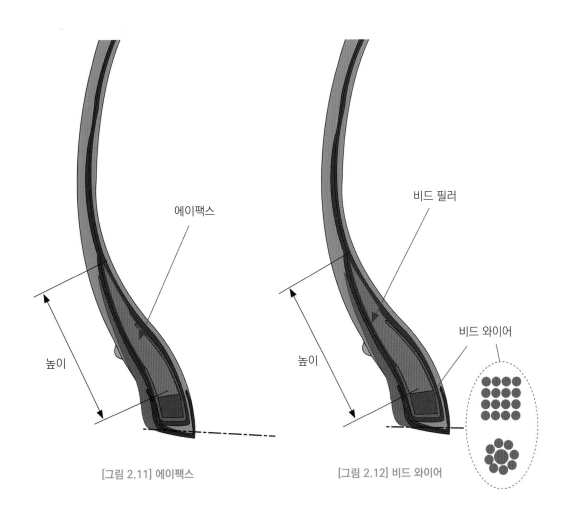

[그림 2.11] 에이팩스   [그림 2.12] 비드 와이어

2 타이어 표기법

타이어의 옆면에는 여러 가지 정보들이 표기되어 있으며, 여기서는 주로 표기되는 항목에 대해서 하나하나 설명을 하고자 한다. 우선 타이어의 크기를 나타내는 치수의 정의를 살펴보면 다음과 같다.

[그림 2.13] 타이어 치수

용어정리

- **단면 폭(SW; Section Width):** 공기압 충진 상태에서의 타이어 옆면 좌우 최대 팽창 간 직선거리
- **외경(OD; Overall Diameter):** 공기압 충진 상태에서의 타이어의 총 직경
- **옆면 높이(SH; Section Height):** 타이어의 직경 중 림 직경(RD)을 뺀 후, 그 거리를 2로 나눈 값, 일반적으로 시리즈라고 칭한다.
- **접지면 폭(TW; Tread Width):** 실제 지면에 닿는 최대 접지 폭
- **정하중 반경(Static Loaded Radius):** 정하중 상태에서 지면으로부터 차축까지 거리로 지상고에 해당함. 반지름에서 하중으로 인한 변형량을 뺀 값
- **동하중 반경(Dynamic Loaded Radius):** 타이어가 한 바퀴 주행한 거리를 2π로 나눈값. 자동차의 실주행 거리와 메타기상 주행거리 편차를 최소화하기 위해 필요한 값

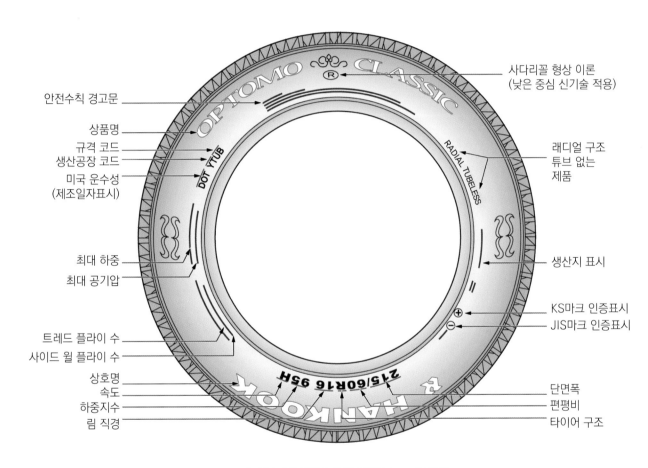

[그림 2.14] 타이어 사이드 월(Side wall) 표기

1 타이어 규격

타이어의 규격은 국제적으로 표준화되어 있으며 차종에 따라 다르게 표기된다.

[표 2.4] 타이어 규격(승용차, 버스, 트럭) 표시법

구분	일반	광폭
승용	215 / 65 R 15 96 H • 215 단면폭(mm) • 65 편평비(65시리즈) • R 타이어 구조(래디얼, Radial) • 15 휠 직경(15 inch) • 96 최대 하중지수(Load Index) • H 최대 한계속도(Speed Symbol)	P 235 / 40 R 18 95 W • P 승용차용 타이어(Passenger) • 235 단면 폭(mm) • 40 편평비(40 시리즈) • R 타이어 구조(래디얼, Radial) • 18 휠 직경(18 inch) • 95 최대 하중지수(Load Index) • W 최대 한계속도(Speed Symbol)
경트럭	31 X 10.5 R 15 LT 109 Q • 31 타이어 전체직경(Inch) • X 4×4(사륜구동) • 10.5 단면 폭(inch) • R 타이어 구조(래디얼, Radial) • 15 휠 직경(15 inch) • LT Light Truck(경트럭) • 109 최대하중지수(Load Index) • Q 최대한계속도(Speed Symbol)	
중형트럭	7.00 R 16 LT 12PR • 7.00 타이어 단면 폭(mm) • R 타이어 구조(래디얼, Radial) • 16 휠 직경(16 inch) • LT 경트럭용 타이어(Light Truck Tire) • 12PR 타이어 강도(Ply Rating)	225 / 75 R 17.5 14PR • 225 타이어 단면 폭(inch) • 75 편평비(75 시리즈) • R 타이어 구조(래디얼, Radial) • 17.5 휠 직경(17.5 inch) • 14PR 타이어 강도(Ply Rating)
대형트럭/ 버스	12 R 22.5 16PR • 12 타이어 단면 폭(inch) • R 타이어 구조(래디얼, Radial) • 22.5 휠 직경(22.5 inch) • 16PR 타이어 강도(Ply Rating) 10.00 – 20 16PR • 10.00 타이어 단면 폭(inch) • – 타이어 구조(바이어스, Bias) • 20 휠 직경(20 inch) • 16PR 타이어 강도(Ply Rating)	295 / 80 R 22.5 18PR • 295 타이어 단면 폭(mm) • 80 편평비(80 시리즈) • R 타이어 구조(래디얼, Radial) • 22.5 휠 직경(22.5 inch) • 18PR 타이어 강도(Ply Rating)

1) 편평비 Aspect Ratio

편평비란 타이어 단면 폭 Setion Width에 대한 옆면 높이 Section Height의 비율을 나타내는 것이다. 고성능 차량일수록 타이어의 편평비를 낮춰 튜닝을 하는데 그 이유는 고속주행 시

$$편평비 = \frac{타이어\ 옆면\ 높이}{타이어\ 단면\ 높이} \times 100$$

롤링 현상을 최소화하고 안정적인 코너링을 유지하기 위해서이다. 예전에 비해 최근 개발되는 자동차의 경우 휠 사이즈가 고 高인치화 되어가고, 현가장치 또한 소프트 Soft에서 하드 Hard로 많은 변화가 일어남에 따라 코너링 시 안전성이 더욱 더 요구되고 있다.

2) 하중지수 표시 ^{Load Index}

최대 공기압을 주입한 상태에서 타이어가 견딜 수 있는 최대 하중(kgf)을 별도의
표를 만들어 지수화하고 있다.

[표 2.5] 하중지수 테이블

L1	kgf	L1	kgf	L1	kgf	L1	kgf	L1	kgf
1	46.2	41	145	81	462	121	1,450	161	4,625
2	47.5	42	150	82	475	122	1,500	162	4,750
3	48.7	43	155	83	487	123	1,550	163	4,875
4	50.0	44	160	84	500	124	1,600	164	5,000
5	51.5	45	165	85	515	125	1,650	165	5,150
6	53.0	46	170	85	530	126	1,700	166	5,300
7	54.5	47	175	87	545	127	1,750	167	5,450
8	56.0	48	180	88	560	128	1,800	168	5,600
9	58.0	49	185	89	580	129	1,850	169	5,800
10	60.0	50	190	90	600	130	1,900	170	6,000
11	61.5	51	195	91	615	131	1,950	171	6,150
12	63.0	52	200	92	630	132	2,000	172	6,300
13	65.0	53	206	93	650	133	2,060	173	6,500
14	67.0	54	212	94	670	134	2,120	174	6,700
15	69.0	55	218	95	690	135	2,180	175	6,900
16	71.0	56	224	96	710	136	2,240	176	7,100
17	73.0	57	230	97	730	137	2,300	177	7,300
18	75.0	58	236	98	750	138	2,360	178	7,500
19	77.5	59	243	99	775	139	2,430	179	7,750
20	80.0	60	250	100	800	140	2,500	180	8,000
21	82.5	61	257	101	825	141	2,575	181	8,250
22	85.0	62	265	102	850	142	2,650	182	8,500
23	87.7	63	272	103	875	143	2,725	183	8,750
24	90.0	64	280	104	900	144	2,800	184	9,000
25	92.5	65	290	105	925	145	2,900	185	9,250
26	95.0	66	300	106	950	146	3,000	186	9,500
27	97.7	67	307	107	975	147	3,075	187	9,750
28	100	68	315	108	1,000	148	3,150	188	10,000
29	103	69	325	109	1,030	149	3,250	189	10,300
30	106	70	335	110	1,060	150	3,350	190	10,600
31	109	71	345	111	1,090	151	3,450	191	10,900
32	112	72	355	112	1,120	152	3,550	192	11,200
33	115	73	365	113	1,150	153	3,650	193	11,500
34	118	74	375	114	1,180	154	3,750	194	11,800
35	121	75	387	115	1,215	155	3,875	195	12,150
36	125	76	400	116	1,250	156	4,000	196	12,500
37	128	77	412	117	1,285	157	4,125	197	12,850
38	132	78	425	118	1,320	158	4,250	198	13,200
39	136	79	437	119	1,360	159	4,375	199	13,600
40	140	80	450	120	1,400	160	4,500	200	14,000

하중지수는 타이어 1개가 지탱할 수 있는 최대하중을 지수화하여 표기한 것이다. 타이어 형식, 최고속도, 공기압 등에 따라 결정된다.

[표 2.6] 레인포스 타이어(Reinforced Tire)와 노멀 타이어(normal tire)의 비교

타이어 호칭	노멀 타이어			레인포스 타이어		
	하중지수	허용하중	공기압	하중지수	허용하중	공기압
	L1	kgf	bar	L1	kgf	bar
185/70 R 14	88	560	2.5	92	630	2.9
195/65 R 15	91	615	2.5	95	690	2.9
205/50 R 16	87	545	2.5	91	615	2.9

'레인포스'[Reinforced] 또는 '엑스트라 로드'[Extra Load]라고 표기된 타이어는 하중지수가 동규격 일반 제품에 비해 보강된 타이어이다. 이들은 동일 규격의 타이어에 비해 더 무거운 하중과 더 높은 공기압이 허용된다.(과적, 고속주행을 자주하는 운전자는 동일한 규격에 레인포스 또는 엑스트라 로드가 표기된 제품을 선택하기 바란다.)

타이어에는 하중지수[Load Index] 뿐만 아니라 맥스로드[MAX Load]도 표시되어 있다. 어찌 보면 같은 뜻이기는 하지만 하중지수[Load Index]는 유럽 규정[ECE, ETRTO]을 준수하고, 맥스로드[MAX Load]는 북미 규정[DOT, TRA]을 준수하기 때문에 어느 나라에서 타이어를 사용하느냐에 따라서 기재 유무가 결정된다. 보통은 모든 국가의 수출을 위해 2가지 모두 표기하는 것이 일반적이다.

3) 최대속도 기호[Speed Symbol]

타이어가 안전한 상태에서 주행이 가능한 최대속도를 별도의 표를 만들어 기호화하여 관리하고 있다.

[표 2.7] 최대속도 테이블

속도기호	G	J	K	L	M	N	P	Q	R
속도(km/h)	90	100	110	120	130	140	150	160	170
속도기호	S	T	U	H	V	W	Y	VR	ZR
속도(km/h)	180	190	200	210	240	270	300	Over 210	Over 240

4) 타이어 강도^{Ply Rating}

타이어의 강도를 나타내는 지수를 플라이 레이팅^{Ply Rating}이라고 말하며, 흔히 PR로 약칭하여 타이어에 표시된다. 면섬유의 강도 기준으로 1P라고 정의되며, 면 섬유의 몇 배에 해당하는 강도를 지녔는지 측정하여 4P, 6P, 8P, 10P 등으로 표기한다.

즉, 수치가 높을수록 고高 하중을 견딜 수 있음을 의미한다.(고속주행 및 과적을 하는 차량이면 플라이 레이팅이 높은 타이어를 장착하기 바란다)

미주지역에서는 타이어의 강도를 로드레인지^{Load Range}로 사용하기도 하며, 상관관계의 표는 다음과 같다.

[표 2.8] 타이어 강도(로드레인지)

로드레인지	A	B	C	D	E	F	G	H	J	L	M	N
플라이 레이팅	2	4	6	8	10	12	14	16	18	20	22	24

용어정리

- **면섬유(목화):** 타이어의 소재는 면섬유(1900년대)를 사용하다 레이온(Rayon, 인조면섬유, 1930년~)과 나일론(Nylon, 1970년~)이 개발되고 이후 폴리에스터(Polyester,1980년~)가 개발되어 최근에는 카카스(carcass) 재료의 90% 정도를 폴리에스터(Polyester)가 차지하고 있다. 가장 최근에는 아라미드(Aramid, 2000년~)가 개발되어 부분적으로 사용되고 있다.

2 원산지

국내 유통되는 모든 타이어는 관세법, 대외무역법 등에 따라 원산지 표시 규정에 맞춰 의무 표기해야 한다. 제조공장의 위치가 어느 국가인지를 나타내며 'Made in OOO' 으로 표시된다.

3 브랜드 및 제품명 표기

타이어를 제조한 회사의 이름^{Corporate Brand}과 제품명이 표시되어 있으며 제품명은 각 상품의 특색에 따라 이름^{Product Brand}을 정한 것도 있고 알파벳과 숫자를 혼합^{Pattern} 해서 표시하는 경우도 있다.

• **일본 (1931년~)**
타이어 넘버원 브랜드
제품의 결함 시 무조건
교환하는 '품질 보증제' 시행

• **프랑스(1889년~)**
전세계에 생산 공장(유럽,
미국, 동남아 등)
미쉐린가이드(미슐랭가이드)
발행

• **독일(1915년~)**
세계 명차들의 OE 타이어로 사용

• **미국(1898~)**
고무개발자 찰스 굳이어의
이름을 따서 브랜드화

• **이태리(1890~)**
자전거용 타이어로 시작
피렐리 달력 발행
(여성 누드 사진)

[그림 2.15] 타이어 제조사

4 타이어 품질등급(UTQG; Uniform Tire Quality Grading)

승용차용 타이어의 상대적 성능을 나타내는 표시로써 마모 지수$^{\text{Tread wear}}$, 견인력 지수^{Traction}, 내열 온도 지수^{Temperature}의 3가지를 지수로 표시한다.

- ■ **마모 지수(Tread wear)**
  - 약 7,200마일(mile) 주행 후 트레이드의 마모 정도를 숫자로 비교 표시한다.(2~3자리)
  - 숫자가 클수록 내마모성이 좋은 것을 의미(딱딱한 정도라고 이해하면 된다.)
- ■ **견인력 지수(Traction)**
  - 아스팔트나 콘크리트 등의 포장도로에서의 제동력을 등급으로 표시한 것이다.
  - 견인력이 큰 순서대로 보면 AA, A, B, C 순이다.
- ■ **내열 온도(Temperature)**
  - 규정된 실내 주행시험을 통해 타이어의 내열 능력과 열 발산 능력을 나타내는 등급이다.
  - 내열 온도가 큰 순서대로 보면 A, B, C 순이다.

5 최대 하중 및 공기압 표시

타이어가 지탱할 수 있는 최대 하중을 별도로 표시해 주고 그 때의 적정 공기압을 표시해 준다.

[표 2.10] 최대 하중 표시

MAX. LOAD SINGLE 3550Kg(7830LBS.) AT 850kPa(123PSI) COLD MAX. LOAD DUAL 3250kg(7160LBS.) AT 850kPa(123PSI) COLD	
MAX. LOAD	최대 하중
SINGLE / DUAL	단륜(단독 장착_전륜), 복륜(두 개의 타이어를 결합하여 장착_후륜)
3550Kg(7830LBS.) 3250kg(7160LBS.)	단륜 장착 시 최대 지탱할 수 있는 하중 : 3550kg(7830LBS.) 복륜 장착 시 최대 지탱할 수 있는 하중 : 3250kg(7160LBS.)
850kPa(123PSI)	123PSI까지 공기압 주입 권장(그 이상 주입 시 성능을 보증하지 않음)
COLD	상기 최대하중은 차량이 운행을 마치고 내부 공기압이 차가운 상태를 의미

6 타이어 구조 표기

타이어 내부 부품의 구조와 재질을 나타내고 있다. 타이어 구조에 대한 추가적인 설명은 다음 장에서 세부적으로 이야기 할 예정이며 여기서는 타이어 구조표기를 보면 아래와 같다.

[표 2.11] 타이어 구조 표기

TREAD STEEL 2 + POLYESTER 2 SIDEWALL POLYESTER 2	
TREAD STEEL 2 + POLYESTER 2	트레드의 재질은 스틸 2장, 폴리에스터 2장
SIDEWALL POLYESTER 2	사이드 월은 폴리에스터 2장

7 장착 위치 표기

타이어가 장착 가능한 위치를 표시한다.

[표2.12] 타이어 장착 위치 표기

S	Steer Axle 조향축
D	Drive Axle 구동축
T	Trailer Axle 피동축

8 유럽경제위원회(ECE; Economic Commission Europe) 승인 표시

유럽지역에 타이어를 판매하기 위해서는 유럽국가연합^{EU}에서 규정한 내구력 시험에서 승인을 받아야 하며, 이러한 승인 내용을 타이어에 표시한 것이다.

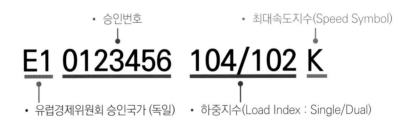

- 싱글 타이어: 타이어를 단독(단륜)으로 장착 시 최대 공기압 상태에서 지탱할 수 있는 최대하중을 말한다.
- 듀얼 타이어: 타이어 두개를 혼합(복륜)하여 장착 시 사이드월 간섭을 예방하기 위해 TRA(Tire and Rim Association) 규정에 따라 최대하중 지수보다 적은 수치로 표기한다

⑨ 미국 운수성 (DOT NO, Department Of Transportation) 승인

타이어를 미주지역에 판매하기 위해서는 미국 운수성에서 규정하고 있는 내구성능을
만족해야 하며 승인된 내용을 타이어에 표시한다.

[표 2.14] 공기압 단위 환산표

kPa	bar	lb/in²(psi)	kgf/cm²
100	1.0	15	1.0
150	1.5	22	1.5
200	2.0	29	2.0
250	2.5	36	2.6
300	3.0	44	3.1
350	3.5	51	3.6
400	4.0	58	4.1
450	4.5	65	4.6
500	5.0	73	5.1
550	5.5	80	5.6
600	6.0	87	6.1
650	6.5	94	6.6
700	7.0	102	7.1
750	7.5	109	7.7
800	8.0	116	8.2
850	8.5	123	8.7
900	9.0	131	9.2
950	9.5	138	9.7
1000	10.0	145	10.2
1050	10.5	152	10.7

주의

① 100kPa = 1bar = 14.5psi = 1kgf/cm²
② psi : 소수점 이하 반올림

3 타이어 분류

차량의 운행조건이 모두 다르기 때문에 운전자 습관, 차종, 도로 여건 등을 고려하여 최적의 타이어를 선정하고 쉽게 이해할 수 있도록 타이어를 5가지 정도로 분류하여 설명하고자 한다.

1 용도별 분류

차량을 사용하는 목적에 따라 구분되며, 일반 타이어와 특수 타이어로 구분할 수 있다. 일반 타이어는 승용차용과 트럭·버스용 타이어이며, 특수 타이어는 건설기계용, 농업기계용, 산업기계용 및 항공기용 타이어가 해당된다.

• 일반용 타이어

승용차용 타이어

버스용 타이어

트럭용 타이어

경트럭용 타이어

• 특수용 타이어

산업기계용 타이어

농업기계용 타이어

건설기계용 타이어

항공기용 타이어

[그림 2.16] 타이어의 용도별 분류

2 구조별 분류

아래 그림에서와 같이 카카스(바디 플라이)의 구조에 따라서 래디얼 타이어$^{Radial\ tire}$와 바이어스 타이어$^{Bias\ tire}$로 구분된다. 구조적으로 래디얼 타이어는 스틸로 구성된 1장의 카카스가 타이어의 주행 방향에 대해 수직으로 배열되어 있고, 그 위에 여러 장의 강력한 스틸 벨트를 부착한 구조이다.

반면에 바이어스 타이는 나일론 코드지로 된 여러 장의 카카스가 주행 방향에 대해 30~40도의 각을 이루면서 서로 엇갈리게 배열된 구조로 되어 있다. 그림으로 보면 다음과 같다.

(1) 바이어스 타이어^{Bias Tire}

❶ 구조: 엇갈린 여러 장(4장 이상)의 카카스로 구성되어 있다.

❷ 내구성: 엇갈린 카카스 간섭으로 인하여 발열이 많아 쉽게 노후화 된다.

❸ 내마모성: 트레드부를 지지해 주지 못하고 유동이 많아 불리하다.

❹ 승차감: 사이드 월이 두꺼워 충격이 그대로 전달된다.

(2) 래디얼 타이어^{Radial Tire}

❶ 구조: 타이어의 원주방향에 직각 배열의 카카스 Carcass와 스틸 벨트^{Steel belt} 로 구성되어 있다.

❷ 내구성: 카카스 간의 간섭이 없어 발열이 적고, 내구성이 좋다.

❸ 내마모성: 트레드를 벨트가 지지하여 내마모성이 우수하다.

❹ 승차감: 사이드 월이 얇고 유연하여 충격을 흡수함으로써 승차감이 우수하다.

 용어정리

• 카카스(Carcass 또는 Body Ply)
타이어 내부의 코드(Fabric or Steel) 층으로 하중을 지지하고 충격에 견디며 주행 중 굴신운동에 대한 내피로성이 강해야 한다. 승용차용 제품에는 Fabric(폴리에스터, 나이론, 레이온, 아라미드 등) 코드가 사용되고 트럭/버스용 제품은 주로 Steel 코드가 사용된다.
※ 카카스와 바디 플라이는 동일한 의미이며, 현장에서는 혼용하여 사용중이다.

최근에는 래디얼 타이어가 많이 사용되고 있으며, 래디얼 타이어의 특징은 다음과 같다.

① 타이어의 수명이 연장된다.

② 견인력 및 제동력이 우수하다.

③ 주행 안정성이 우수하고 승차감이 우수하다.

④ 내구력이 우수하다.

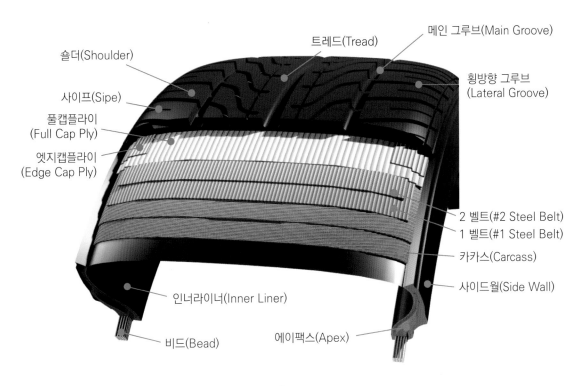

[그림 2.18] 타이어 구조

③ 튜브 사용 유무에 따른 분류

타이어 내부에 튜브^{Tube}의 유무에 따라 튜브 타입^{Tube Type}과 튜브리스 타입^{Tubeless Type}으로 구분된다. 초기의 타이어는 튜브 타입이었으나 최근에는 튜브리스 타입이 대부분이다. 두 가지 형태의 타이어는 아래의 그림에서와 같이 구분 된다.

(1) 튜브 타입^{Tube Type}

❶ 펑크 안전성: 펑크 시 급격한 공기 누출로 불안정하다.

❷ 관리 편리성: 6가지 부품이 필요하여 장착 및 탈착이 불편하다.

❸ 밸런스: 부품의 불균형으로 밸런스가 좋지 않다.

❹ 중량: 튜브, 플랩 등으로 중량이 증대된다.

[그림 2.18] 튜브 타입(Tube Type)

(2) 튜브리스 타입(Tubeless Type)

❶ 펑크 안전성: 펑크 시 공기 누출이 서서히 진행된다.

❷ 관리 편리성: 림 + 타이어로 장착 및 탈착이 간편하다.

❸ 밸런스: 우수한 밸런스가 유지된다.

❹ 중량: 림, 타이어로 중량이 절감되어 연비가 향상된다.

튜브리스 타입의 특징은 다음과 같다.

① 장착과 탈착이 용이하다.　　② 수명이 길어 경제성이다.

③ 보강에 의해 안정성이 높다.　　④ 밸런스가 향상된다.　　⑤ 수리가 용이하다.

[그림 2.18] 튜브리스 타입(Tubeless Type)

4 계절별 분류

일반적으로 계절에 따른 분류는 여름용 타이어, 겨울용 타이어, 사계절용 타이어로 나누어지며, 각각의 특징은 다음과 같다.

(1) 여름용 타이어(하절기 타이어)

마른 노면의 접지 성능을 최대한 발휘하도록 제작된 제품으로 사계절 사용은 가능하나 사계절용 제품에 비해 상대적으로 빗길, 눈길 등의 접지력은 떨어질 수 있다. 통상 스포츠 주행용 제품을 여름^{Summer}용 제품이라고 칭한다. 최근에는 트레드의 홈을 넓게 파서 배수성을 향상시킨 제품들도 개발되고 있다.

(예):금호 ECSTA PS91)

(2) 겨울용 타이어

눈길에서의 접지력을 최대한 향상시키기 위해 접지면 블록에 수많은 지그재그 사이프^{Sipe}를 만들어 패턴의 형상이 조밀하다. 과거에는 고무 표면에 돌기가 있는 발포 고무를 사용하였으나 최근에는 트레드 재료(콤파운드)에 실리카 고무를 주로 사용한다. 겨울용 제품을 사계절용으로 사용하는 운전자들도 있으나 마른 노면에서 고속 주행 시 조밀하게 만들어 놓은 사이프^{Sipe}로 인해 흔들림이 발생할 수 있으니 겨울철에만 사용할 것을 권장한다.

(예):금호 WINTER CRAFT WP72)

(3) 사계절 타이어

타이어 옆면^{Sidewall}에 M+S$^{Mud+Snow}$가 각인되어 있으며, 대표적인 제품은 신차 출고용 타이어가 있다. 말 그대로 사계절을 무난하게 사용할 수 있는 제품으로 여름용에 비해 마른 노면의 접지력은 다소 떨어지고 겨울용에 비해 눈길의 견인·제동력은 부족하나 승차감(안락함, 소음, 진동)과 수명(마일리지)이 우수하다. 보통 마모지수가 400~600 정도인 제품이 많다.

(예):금호 SOLUS TA31)

5 트레드별 분류

타이어의 트레드 형상에 따라서 차에 장착되는 위치와 사용 목적이 달라진다. 트레드 형상에 알맞은 제품을 장착하지 않을 경우 차량의 주행 성능이 저하되며, 이상 마모 및 진동의 원인이 될 수 있다. 따라서 차량의 운행 목적에 맞는 트레드 형상의 선택이 매우 중요하다.

리브형^{Rib}은 차량의 진행방향으로 연속된 패턴을 가지며, 러그형^{Lug}은 차량의 진행방향과 직각 또는 일정 각도를 이루는 배열의 패턴을 갖는다. 두 가지가 혼합된 리브–러그형$^{Rib–Lug}$도 있으며, 블록형은 독립된 블록들이 원주 방향으로 규칙적인 배열을 하고 있다.

용어정리

- 트레드(Tread): 타이어가 노면에 닿는 접지면을 말한다.

[그림 2.21] 타이어 트레드별 분류

구분	(1)리브패턴 (Rib)	(2)리브-러그 패턴 (Rib-Lug)	(3)러그 패턴 (Lug)	(4)블록 패턴 (Block)
타이어				
도로 조건	포장도로 및 고속용	포장, 비포장, 일반도로	일반 및 비포장도로	설상, 습지, 진흙탕
적용 차량	카고 전륜용	카고/레미콘 전륜용	덤프/레미콘/중장비 후륜	카고/덤프 후륜용

특징	· 낮은 회전 저항
	· 저소음
	· 안정된 승차감
		· 조정 안정성 우수
		· 뛰어난 구동력 및
		  제동력
			· 구동력 및 제동력 우수
			· 고속주행 시
			  소음 발생
			· 비포장 견인력 우수
				· 눈, 빙판 노명에
				  구동력 및 제동력 우수
				· 설상, 습지에
				  조정 안정성 우수

6 성능에 따른 분류: 초고성능 타이어(UHP Tire)

Ultra High Performance 약어로 초고성능 타이어를 의미한다. 일반적으로 스피드 기호[Speed]는 VR급(최고속도 240km/h) 이상, 편평비(시리즈)는 55시리즈 이하, 림 직경은 16" 이상을 말한다.

(1) UHP 타이어의 장점

❶ 고속 선회 성능이 우수: 타이어 사이드월부의 횡강성이 높으며, 접지 면적이 넓어지므로 횡력에 견디는 힘이 커지게 되어 고속 선회 능력[Cornering]이 우수하다.

❷ 견인 및 제동력 우수: 접지 면적이 넓어짐으로써 더 큰 견인력과 제동력에 견딜 수 있어 제동거리가 짧아진다.

❸ 긴급 회피 능력 우수: 휠[Wheel]로부터 노면과 접지하고 있는 타이어 옆면[Side wall]의 높이가 낮기 때문에 조향 조타력에 의해 전달되는 타이어 옆면[Side wall]의 비틀림이 적어 긴급하게 핸들을 조작할 경우 조향 반응시간이 짧아지게 되어 돌발 상황에 대한 회피 성능이 우수하다.

(2) UHP 타이어의 기타 특성

❶ 승차감 성능: 타이어 옆면$^{Side\ wall}$의 높이가 낮아 하중에 의한 굴신(상하 좌우의 움직임) 영역이 적기 때문에 승차감이 다소 떨어질 수 있으나 최근에 타이어 설계 기술의 향상으로 광폭 타이어의 이러한 단점을 보완하고 있다.

❷ 하이드로 플래닝$^{Hydro\ planing}$ 성능: 하절기용 광폭 타이어는 접지 면적이 넓어 낮은 속도에서 수막 현상이 발생하기 쉽다. 이런 단점을 보완하기 위해 원주방향(주행 방향)에 배수성을 향상시키기 위한 트레드 홈(패턴, Groove)을 넓게 적용하거나 갯수도 증가시킨다.

(3) UHP 타이어의 적용 기술

1990년대 말 국내 자동차 메이커의 NVH$^{Noise,\ Vibration,\ Harshness}$ 요구 수준이 강화되면서 타이어 제조사는 기존 제품과는 다른 구조의 고성능 제품을 연구하게 되었으며, 그 중 하나가 앤드리스 캡 플라이$^{End\ less\ Cap\ Ply}$ 적용이다.

❶ 앤드리스 캡 플라이$^{Endless\ Cap\ Ply}$의 장점

• 하이 스피드 유니포미티$^{High\ Speed\ Uniformity}$ 우수: 앤드리스 캡 플라이$^{Endless\ Cap\ Ply}$는 연결부^{Joint}가 없으므로 타이어의 회전 균일성이 유지되어 유니포미티가 우수하다. 적용 이후에 주행중 미세한 진동과 마찰 소음의 증상이 현저히 감소하였으며, 전체적인 승차감의 향상에 큰 영향을 주었다.

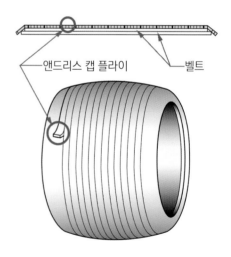

앤드리스 캡 플라이 / 벨트

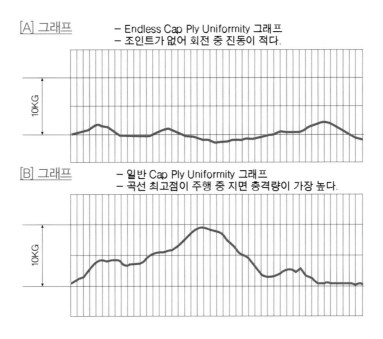

[A] 그래프 — Endless Cap Ply Uniformity 그래프
— 조인트가 없어 회전 중 진동이 적다.

10KG

[B] 그래프 — 일반 Cap Ply Uniformity 그래프
— 곡선 최고점이 주행 중 지면 충격량이 가장 높다.

10KG

[그림 2.23] 앤드리스 캡 플라이 타입과 일반 타입의 회전 시 발생된 진동 비교 그래프

위 그래프는 앤드리스 캡 플라이가 적용된 제품의 주행 특성을 나타내는 그래프이다. 앤드리스 캡 플라이가 적용된 제품은 접합 부위$^{Over\ Lap}$가 없어 주행중 특정 부위의 진동이 발생하지 않으나 일반 캡 플라이가 적용된 제품은 아래 그래프와 같이 특정 트레드^{Tread} 부위에서 강한 진동을 유발하고 매 회전마다 주기적인 진동을 운전자에게 전달한다. 이는 주행 중 핸들과 차체 떨림으로 나타나며, 운전자에게 지속적인 주행 불쾌감을 전달하게 된다.

❷ 고속 주행 내구성 향상

일반 캡 플라이 조인트$^{Cap\ Ply\ Joint}$에서 과도한 온도상승 영향이 있으나 엔드레스 타입 $^{Endless\ Type}$은 캡 플라이 조인트가 없어 고속 주행 시 온도 상승률이 낮아 고속 내구력이 향상된다.

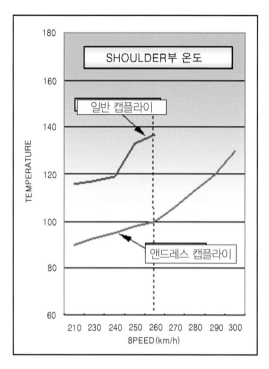 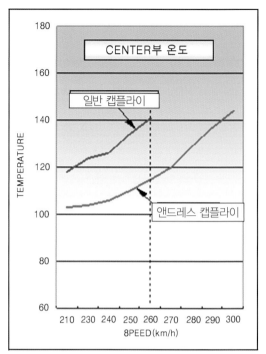

[그림 2.24] 타이어 온도 변화

❸ 고속 주행 시 핸들링^{Handling}의 향상

❹ 외관의 개선 및 승차감 향상:

일반 풀 캡 플라이$^{Full Cap Ply}$의 경우 캡 플라이 조인트$^{Cap Ply Joint}$의 강성 차이로 인해 트레드^{Tread}부의 변형(이상 마모)이 발생될 수 있다. 그러나 앤드리스 캡 플라이$^{Endless Cap Ply}$가 적용된 제품은 트레드^{Tread}부 변형 개선, 진동^{Vibration} 개선으로 승차감이 향상된다. 캡 플라이 조인트$^{Cap Ply Joint}$ 부의 이상 마모 개선 및 외관 품질 개선이 가능하다.

❺ 림 프로텍터$^{Rim Protector}$의 적용

타이어 비드부 강성 보강, 고속 주행성능 향상 및 휠 손상 방지.

아래 우측 그림과 같이 UHP타이어는 고속주행 시 흔들림 없는 코너링과 빠른 핸들 응답성을 확보하기 위해 타이어의 편평비(사이드월)를 낮춰 제작한다. 이 때 낮아진 사이드월로 인해 외부 물체(연석 등)에 휠이나 사이드월 부위가 손상될 수 있는데 림프로텍트는 이를 방지하고 타이어 비드부 강성을 보강해 주는 역할을 한다.

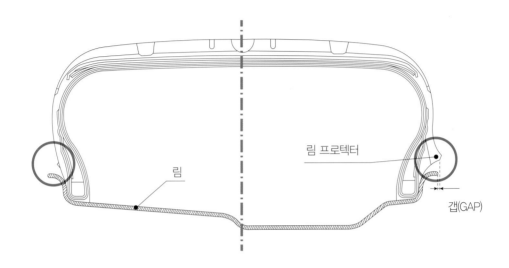

■ 올바른 타이어 보관법

타이어가 조기에 노화되고 손상되는 것을 방지하기 위해서 타이어를 어둡고 건조하며 직사광선을 피할 수 있는 실내에서 보관하여야 한다.

수분에 노출되는 야외 보관은 타이어 내부의 스틸 벨트^{Steel Belt}를 산화시켜 내구력을 저하시키며 고속 주행 시 산화에 의해 약화된 스틸 벨트^{Steel Belt}층이 분리되는 세퍼레이션^{Separation} 현상이 발생된다. 이는 주행 중 타이어가 파열되는 대형 사고의 주원인이 되기도 한다.

1. 새 타이어(휠에 장착되지 않은 타이어)의 보관

실내에 보관할 때는 서늘하고 어둡고 건조한 곳에, 실외에 보관할 경우에는 포장으로 덮어 보관하는 것이 좋다. 동력 스위치나 전선, 연료, 윤활제 등 화기성 물질 주위에 두지 말고 소화기를 항상 비치해야 한다. 횡적재보다 수직 적재를 추천한다.

2. 사용된 타이어(휠에 장착된 타이어)의 보관

보관 방법은 새 타이어와 동일하며, 보관 전 타이어에 못이나 이물질이 없는지 확인한다. 이물질을 제거하고 손상된 타이어는 수리하여 보관하고, 재장착 시 확인을 위하여 꼬리표 또는 보관용 스티커 등을 부착해 놓는 것이 좋다.

3. 차량에 장착된 타이어의 보관

가능하다면 타이어가 하중을 받지 않도록 차량을 고임목^{Jack}으로 받쳐 놓는 것이 좋고, 비닐 포장으로 타이어를 덮어 씌워야 한다. 차량을 고임목으로 받쳐 놓지 못할 경우에는 규정의 공기압을 수시로 확인하고 하루 1회씩 차량을 이동 시켜야 한다.

4. 사용자(운전자)의 타이어 보관

요즘은 곳곳에 프랜차이즈 경정비 업소와 타이어 전문점이 입점해 있어 운전자가 별도의 장소에 타이어를 보관할 필요는 없다. 단 겨울용과 사계절용 제품을 번갈아 가며, 사용하는 경우 타이어 대리점에 보관하는 일이 많은데 이 때 주의할 점은 위에서도 언급한 바와 같이 손상된 타이어의 장기 보관 시 주의점이다. 도로와 접지되는 트레드^{Tread}(접지면) 내부에 스틸 벨트$^{Steel\ Belt}$ 또는 카카스^{Carcass}(코드지)가 노출된 채 장기간 보관될 경우 내부 벨트^{Belt}가 산화되므로 필히 손상된 타이어는 폐기 처리하고 향후 신품으로 교체하는 것이 올바른 타이어 관리법이다.

타이어 보관 사례

모범 사례

불량 사례

CHAPTER **3**

알면 살고
모르면 치명적인
타이어 안전점검

공기압 점검

타이어는 공기압 상태에 따라 수명, 승차감, 소음, 마모 상태, 주행 안정성이 크게 달라질 수 있으며, 공기압만 제대로 관리해도 사용자가 원하는 그 이상의 성능을 유지할 수 있다.

일반적인 타이어는 월 평균 1~2 피에스아이^{PSI, Pound per Square Inch, 단위 인치당 압력} 정도 자연 누출 현상이 발생되며, 이로 인해 발생되는 타이어 사고는 다양하게 발생하게 된다. 그렇다면 공기압에 따라 타이어의 성능이 어떻게 달라지고 증상별 조치법 및 올바른 공기압 관리법은 무엇이 있는지 하나씩 알아보도록 하자.

1 타이어의 천적은 발열!

타이어는 열이 발생되는 것을 미연에 방지만 해도 대부분의 사고 발생을 방지하며, 타이어 성능 또한 고르게 유지할 수 있다.

타이어에 열이 발생되는 원인으로는 공기압의 부족, 과적, 과속, 급제동 및 급출발, 장시간 운행 등의 요인들이 있다. 아래의 그래프와 같이 타이어의 표면 온도가 +20℃ 증가할 경우 타이어의 수명은 약 15~20% 감소한다. 또한 표준 적재량 대비 20% 과적할 경우 타이어 수명은 약 30% 감소하는 경향을 보인다.

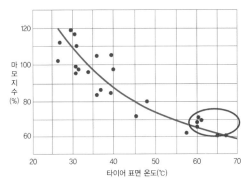

[그림 3.1] 발열과 타이어의 마모 관계

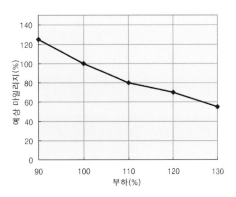

[그림 3.2] 적재 하중과 마모 관계

[금호 타이어 연구소 자료]

2 공기압 과부족에 따른 마모 양상

공기압이 마모에 영향을 미치는 정도는 규정 공기압 대비 20%가 부족하면, 타이어 수명은 평균 15% 정도 감소한다. 규정 공기압 대비 45%가 정도 부족하면, 타이어 수명은 40% 정도 감소한다. 그 뿐만 아니라 비정상적인 마모의 양상을 보여 사용자가 원하는 만큼의 수명을 유지하기가 어렵다.

공기압 부족 상태   **공기압 과다 상태**

공기압의 부족으로 양쪽의 숄더부에 마모가 발생한다.

이상 발열에 의해 고무 및 코드층이 분리되는 현상이 발생한다.

타이어의 접지압이 중앙 부분에 집중되어 중앙 부분에 마모가 발생한다.

긴장 상태가 높아져 외부 충격을 받았을 때 타이어가 쉽게 파열된다.

[그림 3.3] 공기압 과부족에 따른 마모 양상

공기압이 부족하면 내·외측의 숄더^{Shoulder}(어깨부위)에 편마모가 발생되어 심한 경우 드라이/웻$^{Dry\ Wet}$ 노면의 견인력 및 제동력이 감소하고 슬립^{Slip}(미끌림) 현상이 쉽게 발생될 수 있다. 그 이유는 타이어의 트레드^{Tread}(접지면) 패턴 중 견인력과 제동력을 담당하는 숄더^{Shoulder}부의 블록이 과마모되어 지면에 적절한 마찰력을 전달하지 못하기 때문이다.

3 공기압과 연비

타이어의 공기압은 자동차의 연비와도 아주 밀접한 관계를 갖고 있다. 공기압이 과부족할 경우 트레드^{Tread, 접지면}의 양쪽 숄더^{Shoulder, 어깨}가 지면에 비정상적으로 접지 되면서 주행 저항을 발생시킨다. 이로 인해 불필요하게 연료가 소모되고 결국에는 연비 저하의 원인이 되기도 한다.

만일 평소 보다 연비가 저하되는 것 같다면 타이어의 공기압이 정상적으로 주입되어 있는지 점검하고 운행 조건에 알맞은 적절한 공기압을 유지해야 한다.

[표 3.1] 공기압 부족에 따른 연비 및 타이어 수명 변화

구분	공기압 3PSI 부족 시	공기압 6PSI 부족 시	공기압 9PSI 부족 시
연비	연비 5~10% 증가	연비 10~20% 증가	연비 20~30% 증가
타이어 수명	10% 수명 감소	30% 수명 감소	45% 수명 감소

4 공기압 부족에 따른 파열 현상

공기압이 부족하거나 과다하면 타이어에 손상이 쉽게 발생될 수 있다. 공기압이 규정보다 과다하게 주입된 경우 주행중 지면의 충격을 흡수하기 어렵고 이물질에 의한 작은 충격에도 파열^{Rupture} 현상이 발생될 수 있다.

특히 여름철과 같이 온도가 상승하는 계절에는 적정량보다 과다하게 주입되어 있는지 상시 점검이 요구되며, 주행 직후 측정보다 타이어의 온도가 떨어진 상태에서 측정 및 보충하는 것을 권장한다.

공기압이 부족한 경우 장거리 운행 혹은 고속 주행 시 차량의 하중에 의해 눌린 타이어가 복원되지 못한 상태에서 다시 눌리는 현상이 발생된다. 즉 타이어에 굴신력(쿠션)이 많아져 이상 발열에 의한 타이어 내부 온도 상승으로 파열이 발생된다.

스탠딩 웨이브^{Standing Wave} 현상은 타이어가 고속 회전을 하면 변형된 부분이 복원되기 전에 변형이 반복되므로 타이어 트레드^{Tread}가 물결 모양으로 변형되는 현상을 말한다. 이 현상이 계속되면 타이어가 단시간에 파열 및 박리된다. 따라서 장거리 운행 시에는 공기압을 적정 공기압보다 10~15% 상향 조정하는 것을 권장한다.

공기압이 부족한 상태에서 장거리 운행 시 차량의 하중에 의해 눌린 타이어가 복원되지 못한 채 다시 눌리는 현상이 발생한다. 이때 굴신이 많아짐으로써 타이어가 파손되거나 분리현상이 발생한다.

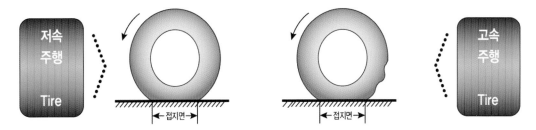

[그림 3.4] 스탠딩 웨이브 현상

1) 내 차에 알맞은 적정 공기압은 무엇일까?

내 차에 알맞는 적정 공기압을 찾기 위해서 차종, 중량, 노선, 노면, 속도, 기온 등을 고려하여 각기 다른 공기압을 주입한 후 몇 번의 주행 승차감을 느끼면서 최적의 공기압을 찾아내는 것을 권장한다.

물론 무덤덤하게 자동차를 운행하는 운전자라면 자주 방문하는 정비업소에 맡기는 것도 좋겠지만 이왕이면 운행의 피로감을 줄이고 자동차 부품의 노화 및 타이어 수명의 연장을 위해서도 한 번쯤은 관심 있는 공기압 점검이 필요하겠다.

최근 자동차의 성능이 향상되면서 타이어도 그에 맞는 고속 주행용 제품으로 장착되고 있는 추세이다. 예전의 모닝에는 70시리즈 제품이 장착되던 것이 최근에는 50시리즈 저편평비 제품이 장착되고 있다. 신차 출고용 타이어의 최대 공기압도 과거 32~36PSI에서 최근에는 51PSI까지 상향되었다.

그만큼 타이어 공기압 관리에 대한 중요성이 높아졌고 타이어로 인한 안전사고의 예방과 자동차의 승차감 향상에 중점을 두고 있다는 증거이다.

그렇다면 적정 공기압을 관리하는 기준은 무엇이 있을까?

위에서 언급한 차종, 중량, 노선, 노면, 속도, 기온 중에서 가장 중요하게 봐야할 것은 차량의 총중량(평균 적재물 포함 중량)이다. 중량에 따라 타이어의 눌림 정도가 달라지며 이에 따른 승차감 저하 및 타이어 이상/조기 마모 현상이 다르기 때문이다.

[표 3.2], 중량에 따른 차종별 추천 공기압

[단위 : PSI]

차종	총중량	승차감용	승차감+수명	수명 연장	특이사항
승용/승합	2.0 Ton ↑	35	38	40	고속/과적 시 10% 상향
	1.5 Ton ↑	32	35	38	
	1.0 Ton ↑	29	32	35	
화물/상용	1.25Ton ↓	F) 53, R) 63	F) 55, R) 65	F) 60, R) 70	
덤프/트랙터	3.5 Ton ↓	비추천	95	100	
	5.0 Ton ↓	비추천	120	125	
	25 Ton ↓	비추천	125	130	

※ 공기압 주입 시 냉각 상태에서 주입 할 것(주행 후 즉시 점검 지양)

자동차 제조사에서 추천하는 공기압의 경우 국내 생산 승용차를 기준으로 운전석의 문을 열면 중간 기둥(B filler)의 하단부와 일부 수입 차량의 경우 연료 필러 캡 커버 안쪽에 추천 공기압의 스티커가 부착되어 있다.

정비업소나 운전자들이 보기에는 "너무 적은 것 아니야" 할 정도로 낮게 추천하고 있으나 승차감에는 최적의 공기압이므로 의심없이 관리해도 좋다. 다만 위 표에서처럼 타이어의 수명과 고른 마모를 위해서는 조금 더 상향 조정하는 것을 추천한다. 특히 화물·상용차의 경우 화물을 적재하고 과적을 하는 경우도 있기 때문에 타이어의 최대 공기압으로 관리하는 것을 추천한다. 공기압은 적은 것보다 좀 더 많은 것이 안전하기 때문이다.

운전석 문에 표기

필러 캡에 표기

쏘나타 공기압 표기

[그림 3.5] 타이어 공기압 스티커

2 타이어 공기압 모니터링 시스템

타이어 공기압 모니터링 시스템(이하 TPMS)은 1980년대 포르쉐 959 모델에 처음 적용 되었지만 보다 적극적으로 TPMS 개발의 동기가 된 것은 1990년대 미국 파이어스톤社의 특정 제품에서 공기압 부족에 의한 파열(Rupture)사고가 다량 발생되어 리콜(Recall) 까지 이어지면서이다.

이후 공기압에 대한 중요성을 인지하면서도 적절한 대안을 찾지 못했던 자동차 업계와 소비자들은 이 사건을 계기로 TPMS를 통해 사람과 차의 안정성을 높이고 타이어 수명까지 연장시킬 수 있는 발판을 마련하게 되었다.

2003년 11월부터 미국에서는 의무 장착이 법제화 되면서 관련 업계의 기술 개발이 가속화 되었고 우리나라는 2015년부터 새로 제작되는 승용차와 3.5톤 이하 승합, 화물, 특수차에 의무 적용되었다.

[그림 3.6] TPMS 시스템 구성도

TPMS는 자동차의 각 휠에 내장된 공기압력 센서가 타이어 내부 공기압을 측정해 펑크 또는 갑작스런 타이어 파열로 인해 설정된 압력 이하로 공기압이 떨어지면 계기판에 관련 경고등을 점등시켜 운전자에게 공기압의 이상을 경고하여 타이어 공기압 부족으로 인한 사고를 미연에 예방할 수 있는 타이어 공기압 경고 장치이다.

【TPMS란】

TPMS는 타이어 내부에 장착된 센서를 이용하여 타이어 내의 공기압을 감지하고, 이를 모니터링 하여 사용자가 운전석 앞에 설치된 디스플레이를 통해 실시간으로 타이어 공기압을 직접 확인할 수 있도록 하는 장치를 말한다.

TPMS가 타이어의 직접 공기압을 유지시켜줌으로써 다음과 같은 효과를 얻을수 있다.

[TPMS의 효과]
1. 안정성: 갑작스런 펑크방지, 제동력 향상, 주행 성능 향상
2. 운전 편의성: 승차감 향상, 소음 저감, 편안한 조향 성능
3.경제성: 타이어 수명 연장, 연비 향상

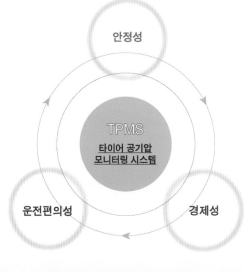

[그림 3.7] 타이어 공기압 경고장치

[표 3.3] TPMS 장착 타이어 탈부착

작업 구분		TPMS 센서	
비드 블레이드 작동 시	12시		센서의 위치는 12시 방향에 놓고 비드 블레이드를 3시 방향에서 비드의 이탈 작업을 진행(내·외측 모두 동일한 방법)
타이어 탈거 시	상부 비드	2~3시	탈착기 모델에 따라 상이할 수 있으나 수직 암이 12시 방향에서 작동할 경우 센서 위치는 2~3시 방향에서 탈착을 진행한다.
타이어 탈거 시	하부 비드	2~3시	만약 수직 암이 3시 방향에서 작동할 경우 센서 위치를 5~6시 방향 사이에 놓고 상하부 비드의 탈착을 진행하면 된다.
타이어 조립 시	하부 비드	6~7시	탈착기 모델에 따라 상이할 수 있으나 수직 암이 12시 방향에서 작동할 경우 센서 위치는 6~7시 방향에서 장착을 진행한다.
타이어 조립 시	상부 비드	6~7시	만약 수직 암이 3시 방향에서 작동할 경우 센서 위치를 9~10시 방향 사이에 놓고 상하부 비드의 탈착을 진행하면 된다.

TPMS를 장착한 타이어를 탈부착할 경우 센서의 위치를 파악하여 파손을 예방해야 한다. 특히 타이어의 비드를 탈착하기 위해 비드 블레이드 작업 시 작은 충격에도 TPMS 센서가 파손되어 정상 작동이 안되는 경우가 많다. 위 도표 좌측 사진의 장착법을 익혀 안전한 교체 작업을 바란다.

[표 3.4] TPMS 상황별 유의사항

타이어 교환을 위한 탈착 시	타이어의 교환 작업과정에서 장·탈착기를 이용한다. 휠에서 타이어를 분리하는 과정에서 비드(Bead) 압착 시 TPMS 센서와 마찰의 간섭을 피하기 위해 비드 압착을 센서와 90° 반대로 대칭되는 위치에 두고 압착을 가해 휠과 분리시켜야 한다.
차륜 탈거 후 재 부착 시 (차량 정비 시)	차축에서 차륜을 탈거한 후 재부착 시 차량의 계기판에 공기압은 표시되지 않으며, 새롭게 센서가 공기압을 재감지하는 대기시간이 필요하다.
공기압 보충 후	차량의 실제 주행 "10km/h 이상의 속도로 10분 이상 주행"을 선행해야 새롭게 보충된 공기압의 재감지 작동이 표시된다.
TPMS 경고등 점등 시 점검 사항	기본적으로 정비 작업 후에는 TPMS 경고등이 점등되며, 재감지를 위해 "10km/h 이상 속도로 10분 이상 주행"을 선행해야 정상적으로 작동된다. TPMS 경고등은 너무 과도한 공기압 부족 시에도 점등되나 과도한 공기압 초과 시에도 점등되므로 주의가 필요하다.

3 타이어 위치 교환

타이어의 관리에 있어 공기압 다음으로 중요하다고 볼 수 있는 것이 타이어 위치 교환이다. 타이어의 마모는 여러 가지 요인에 따라 다를 수 있는데 그 중 가장 크게 영향을 주는 것이 공기압, 하중, 속도, 급제동 급출발, 노면 상태, 날씨, 운전자 습관, 차륜 정렬 상태이며, 이러한 요인으로 인해 이상마모도 발생할 수 있고 마모 성능이 저하되는 경우도 있다.

타이어를 주기적으로 위치를 교환해야 하는 이유는 이상 마모를 예방하고 고른 마모를 유지하기 위해 꼭 필요한 관리 항목 중 하나이다.

그럼 타이어의 위치 교환은 언제, 어떻게 하는 것이 좋을까?

위치 교환 시기는 자동차의 운행거리와 밀접한 관계가 있는데 운행거리가 많은 영업용 또는 업무 목적의 차량이 아니라면 일반적으로 연평균 약 2만km 미만으로 볼 수 있다.

평균적으로 3개월에 5천km 정도 주행한다고 보면 된다. 보통 타이어는 신품 장착 후 5천km 주행 시점을 전후로 이상 마모가 발생되기 시작하는데 이 시기를 놓치면 이상 마모는 급격히 성장하면서 소음, 진동 등을 유발하고 좋지 못한 승차감을 운전자에게 전달하여 피로감이 쌓이게 한다.

필자가 추천하는 적절한 위치교환 시기는 연평균 2만km 정도 운행하는 자동차를 기준으로 최대 년 4회(3개월 주기) 또는 최소 5천~1만km에 1회를 강력 추천하고 싶다.

그 동안 위치 교환에 대해 관심이 없었던 운전자라면 "너무 자주 하는 것 아닌가?" 할 정도로 의문을 갖겠지만 예방 정비의 목적은 예상되는 문제점을 사전에 관리하고 조치해야 하므로 지금부터라도 위치 교환을 습관화했으면 한다.

최적의 위치 교환 방법은 어떤 것이 있을까?

결론부터 말하자면 위치 교환은 앞뒤 또는 대각 방향의 2가지만 기억하고 충실하게 이행하면 대부분의 이상 마모를 예방할 수 있다. 위에서 언급한 위치 교환의 시기에 맞춰 처음 3개월 시점은 앞뒤로, 그 다음 3개월 시점은 대각 방향으로 번갈아 가며 진행할 것을 추천한다.

물론 이 모든 것을 묻지도 따지지도 않고 타이어 전문점에서 관리 받는다면 고민할 것이 없겠지만 자가 진단 정도는 할 수 있다면 적절한 위치 교환 시기를 스스로 점검하고 관리할 수 있지 않을까 싶다. 다시 한번 강력 추천 드리자면 모든 제품은 사전에 관리가 매우 중요하며, 타이어 사용에 있어 최고의 예방 정비^{Before Service}는 공기압 점검 다음으로 타이어의 위치 교환임을 명심해야 한다.

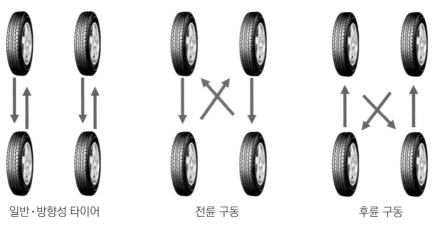

| 일반·방향성 타이어 | 전륜 구동 | 후륜 구동 |

[그림 3.9] 위치 교환 방법

조기 마모된 타이어에는 큰 위험성이 따른다. 타이어가 과 마모되면 트레드의 마찰력이 저하되면서 급제동 시 정지거리가 길어지고 주행 중 이물질에 의해 쉽게 트레드가 관통되어 파열되기 쉽다. 또한 수막현상^{Hydroplaning}이 발생되어 브레이크 및 핸들조작 불능 상태가 발생한다.

[그림 3.10] 조기 마모된 타이어

수막현상이란 자동차가 물이 고인 노면을 고속으로 주행 시 과마모로 인해 좁아진 그루브 사이에 배수 기능이 감소되면서 타이어가 노면 위로 떠올라 물 위를 미끄러지듯이 주행하는 현상을 말한다. 쉽게 말해 타이어가 수면 위로 썰매를 타 듯 통제불능의 상태로 주행하는 것이다.

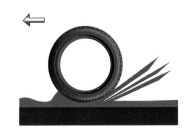

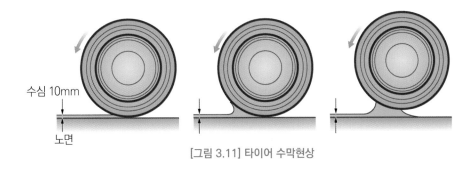

[그림 3.11] 타이어 수막현상

이렇듯 타이어의 과마모 또는 이상마모는 제동 및 주행 안정성에 큰 영향을 미치며, 자동차 관리법에 따라 트레드 홈^{Groove}에 마모한계를 표시하고 있다.

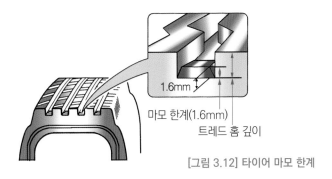

1.6mm

마모 한계(1.6mm)
트레드 홈 깊이

[그림 3.12] 타이어 마모 한계

[표 3.5] 타이어 마모 한계

타이어의 종류	마모 한계	
승용차용	1.6mm	자동차 규칙(약칭) 자동차 안전기준에 관한 규칙 (국토해양부령 제234호_시행 2010.03.30) 제12조(주행장치) 제1항 2항
경트럭용	2.4mm	
트럭 & 버스용	3.2mm	

4 타이어 진동과 이상 마모

1 진동의 요소

모든 진동은 세 가지 요소로 구성되어 있다.

❶ 근원(작용 부품): 물체에 진동을 일으키는 부품

❷ 전달 경로: 진동을 전달하는 물체

❸ 반응 물체(반응부품): 눈에 띠게 진동하고 있는 부품

진동이란 듣거나 느낄 수 있는 흔들림이나 떨림을 말한다. 진동의 종류는 근원에 힘이 가해지고 있는 동안 진동이 일어나는 강제 진동과, 근원에 가해지는 힘이 멈추었을 때 진동이 지속되는 자유 진동이 있다.

강제 진동에서는 진동을 지속시키기 위한 에너지의 근원이 필요하다. 임밸런스^{Imbalance} 된 타이어는 타이어가 구르고 있을 때만 진동을 일으키고 전기 면도기는 전원이 공급되고 있을 때만 진동을 한다.

[그림 3.13] 지면에서 핸들로 전달되는 진동 경로

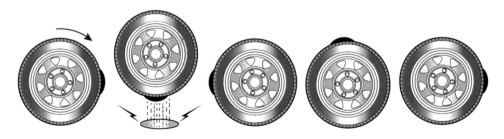

[그림 3.14] 강제 진동

자유 진동은 근원이 더 이상 작용하지 않을 때도 계속된다. 클램프로 물려 놓은 자는 끝이 움직이도록 힘을 가한 후에도 지속적인 진동을 하고 자동차 안테나는 차가 정지한 후에도 오랫동안 진동을 계속할 수 있다.

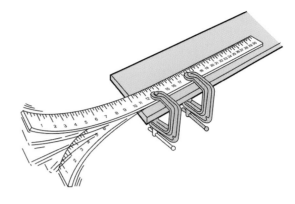

[그림 3.14] 자유 진동

2 진동의 근원

❶ 엔진 부품: 크랭크 샤프트, 캠 샤프트, 하모닉 밸런서, 플라이휠, 풀리 등

❷ 드라이브 라인 부품: U조인트, 드라이브 샤프트, CV 조인트, 액슬, 디퍼렌셜 등

❸ 브레이크 부품: 드럼, 로터, 브레이크 하드웨어 등

❹ 배기장치 부품: 파이프, 쉴드, 머플러, 행거 등

❺ 섀시 및 바디 부품: 바디 마운트, 헐거운 부품, 실내 전장품 등

❻ 타이어 및 휠: 밸런스, 런 아웃, 노면력의 변화, 비드 안착 불량, 허브 센터에서 벗어난 장착 등

3 운전자가 느끼는 진동

❶ 흔들림(5~20Hz, 낮은 진동수의 떨림): 스티어링 휠, 시트 또는 콘솔에서 보거나 느낀다.

• 타이어, 휠, 브레이크 드럼, 로터(만일 속도 감응이면)
• 엔진 (만일 엔진 rpm 감응이면)

❷ 거슬리는 소리(20~50Hz, 진동수의 떨림): 전기톱을 잡고 있는 느낌(드라이브라인)

❸ 윙윙 소리(50~100Hz의 진동수): 전기 면도기의 느낌과 유사(배기 시스템, 에어컨 컴프레서 또는 엔진)

❹ 따가운 소리(100Hz 이상의 진동): 핀이나 바늘 같은 날카로운 느낌

❺ 붕~~ 하는 소리(20~60Hz의 낮은 진동의 내부 소음): 볼링 볼이 볼링 레인을 구르
  는 소리로 설명

  • 드라이브 라인 부품 관련

❻ 덜컹 덜컹, 신음 소리 또는 웅소리(60~120Hz에서 지속적인 소리): 꿀벌 소리, 병마개
  부는 소리로 설명

  • 파워 트레인 마운트 또는 배기 시스템 관련

❼ 날카로운 소리(300~500Hz의 길고 높은 음): 모기, 터빈 엔진, 진공청소기로 설명

  • 기어 물림 또는 기어 소음 관련

4 진동의 해결

❶ 문제의 확인: 문제에 대한 증상을 운전자에게 듣는다.

❷ 문제의 구분: 휠 타이어 또는 엔진, 하체 관련인지 판단

❸ 문제의 교정: 진단과 구분 절차를 통해 문제 해결

❹ 해결의 확인: 문제의 증상을 테스트하고 다음 절차를 검토한다.

5 휠과 타이어 관련 진동

타이어와 관련된 떨림 인자에는 중량^{Balance} 불균일, 강성^{Stiffness} 불균일, 치수$^{Run-Out}$ 불
균일이 있다.

일반적으로 타이어의 교체 작업 시 차량의 떨림을 예방하기 위해 납을 부착하여 밸런
스 작업을 한다. 이것은 타이어와 휠의 중량 불균일을 교정하기 위한 작업이며, 대부분
의 정비업소에서 주로 제공하는 작업 항목이다.

그러나 밸런스(중량의 불균일) 작업으로 떨림이 교정되지 않을 경우 스티프니스(강성
의 불균일)와 런 아웃(치수의 불균일)을 측정하여 특정 속도 구간에서 발생되는 차체
와 핸들 떨림을 교정할 수 있다.

휠과 타이어를 조립하고 밸런스 장비를 이용하여 불균일 수치를 측정한다. 클립식 또는 접착식 납을 이용하여 휠 내·외측에 부착하고 영점을 조정한다. 최근 출고되는 승용차용 휠은 외측 림 플랜지에 클립식 납을 부착할 수 없는 타입이 많이 나오고 있어 내측에 접착식 납을 이용하여 부착하면 된다.

또한 타이어의 진동은 타이어 무게의 편차에 의해 영향을 받는다. 다이내믹 임밸런스$^{Dynamic\ Imbalance}$ 량

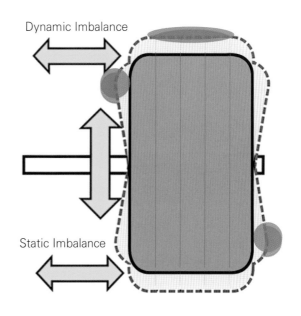

[그림 3.16] 타이어 진동 발생 인자

이 있는 경우 회전 중심축이 변형되어 고속 주행 시 좌우방향으로 쉬미^{Shimmy} 진동을 유발하기도 한다.

타이어 접지면^{Tread}의 특정 부위에는 주행중 진동을 유발시키는 고유의 강성을 갖고 있다. 타이어 제조공정 중 마지막 과정인 검사 과정에서 검사 장비를 이용하여 측정되고 타이어의 사이드 월에 빨간색 포인트로 표시된다. 이 부위를 유니포미티^{Uniformity}마크라고 한다. 유니포미티 마크는 휠과 타이어를 조립할 때 휠의 Low Point(경량)와 일치시켜 장착될 경우 진동을 최소화할 수 있다.

런 아웃 임밸런스는 휠의 변형된 부위를 측정해서 진동의 원인이 되는 부위를 측정 또는 교정하는 것이며, 측정된 부위를 타이어의 유니포미티^{Uniformity} 마크와 일치시킬 때 주행중 진동을 최소화할 수 있다.

[그림 3.17] 타이어 강성 불균일

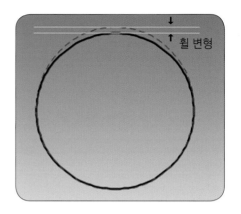

[그림 3.18] Run-Our(치수 불균일)

6 타이어 마모

타이어의 마모는 고무 지우개와 흡사하다. 지우개를 마찰면과 45° 각도로 세우고 문지르면 다음과 같은 현상이 발생한다. 먼저, 지우개의 끝부분은 면의 마찰에 의해 마모된다. 마모된 면은 복구되지 않으며, 지우개 이동 시 떨림이 발생한다. 이와 같은 3가지 양상이 타이어에도 비슷하게 발생함으로써 타이어 이상 마모가 초래된다.

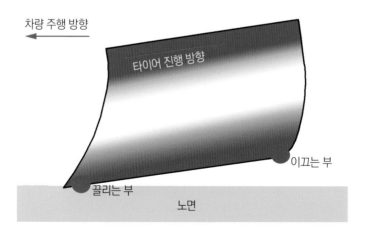

[그림 3.19] Heel & Toe 마모(1)

Heel & Toe의 마모는 이끄는 부와 끌리는 부 간의 마모량 차이로 톱니 형태의 단차가 발생하는 마모 형태를 말한다. 타이어의 회전 시 지면과 이탈 과정에서 블록의 변형이 발생한다. 이때 끌리는 부에 미끄럼이 증가하여 마모량의 차이가 발생한다.

타이어 마모와 상관성이 높은 마찰 에너지를 측정하면 이와 같은 결과로 끌리는 부의 마찰 에너지가 높게 나타난다.

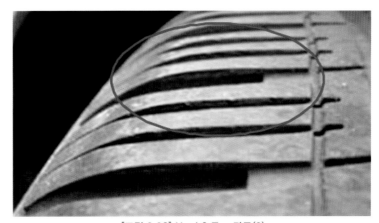

[그림 3.20] Heel & Toe 마모(2)

대부분의 타이어는 숄더Shoulder부가 러그Lug형 패턴 구조로 되어 있고, 반복적인 회전을 통해 이와 같은 힐 앤 토Heel & Toe 마모 양상이 진행되며, 공기압이 적거나 차륜정렬이 올바르지 못할 경우 더욱 빠르고 심한 양상으로 나타난다.

간혹 정상적인 공기압 상태에서도 Heel & Toe 증상이 발생하기도 하는데 이는 러그Lug형 블록이 견인과 제동의 영향으로 나타나는 정상적인 현상이므로 이를 예방하기 위해서는 적정 공기압을 유지하고 전후 또는 대각선 방향으로 주기적인 위치교환을 추천하며, 급제동, 급가속, 급선회 등 타이어 이상마모에 영향을 주는 비정상적인 운전 습관을 삼가해야 한다.

구분	타이어 공기압 인자		치량 구조적 인자	
	좌우 마모	중앙부 마모	모서리 마모	편측 마모
트레드 상태				
발생원인	공기압 매우 낮음	공기압 매우 높음	Toe 관련 마모	Camber 관련 마모

기타 내용	Wear Indication mark(△) Wear Indication	차량유형	일반	• 점검 : 5,000~10,000km 또는 3개월 • 교환 : Tread Depth 마모 한계선 이하일 경우 교환해야 한다.
		Passenger	1.6mm	
		소형 Truck	2.4mm	
		Truck/Bus	3.6mm	

[그림 3. 21] 이상 마모 발생 형태

이상 마모는 타이어 수명을 단축시키며, 자동차의 연비도 증가시킨다. 따라서 타이어 이상마모를 사전에 예방해야 한다.

정기적인 공기압 점검으로 적정 공기압을 유지한다면 이상마모를 줄일 수 있다. 휠 얼라인먼트 점검 및 조정 또한 필요하다. 정기적인 위치 교환을 실시하여 사용 초기에 집중 관리해야 한다.

주행거리 5천~1만km 이내 실시를 권장하고 급가속, 급정지, 급회전을 가급적 하지 말아야 하며, 급격한 코너길은 감속 운행한다. 마지막으로 비포장도로 주행 후 차량 하체점검을 생활화해야 한다.

토인	캠버	캐스터
토 각 진행방향	캠버 각	캐스터 각

▶ 토인의 정의
  • 앞바퀴를 위에서 보았을 때
    좌우 타이어 중심선 간거리가
    앞쪽이 뒤쪽보다 좁은 것
 	
▶ 적용 효과
  • 주행중 타이어를 평행하게
    회전시키기 위함
  • 타이어를 원활하게 회전시켜
    핸들 조작 용이
  • 타이어 마모 영향 인자
	▶ 캠버의 정의
	  • 앞바퀴를 앞에서 보았을
	    때 위쪽이 아래쪽보다
	    약간 바깥쪽으로 기울어져
	    있음(일반적으로 (+) 캠버 적용)
	
	▶ 적용 효과
	  • 앞바퀴가 하중을 받았을 때
	    아래로 벌어지는 것을 방지
	  • 타이어 접지면 중심과 킹핀의
	    연장선이 노면과 만나는 점과의
	    옵셋 최소화(핸들 조작을 가볍게
	    하기 위함)
	  • 타이어 마모 영향 인자
		▶ 캐스터의 정의
		  • 앞바퀴를 옆에서 보았을
		    때 차축과 연결되는 킹핀의
		    중심선이 약간 뒤로 기울어 짐
		
		▶ 적용 효과
		  • 앞바퀴 타이어에 직진성 부여
		  • 차량의 롤링 방지
		  • 핸들의 복원성 향상
		  • 타이어 마모와는 상관없음

[그림 3.22] 차륜정렬 요소별 타이어에 미치는 영향 미치는 영향

■**타이어 혼합 장착시 주의사항**

1. 제품 혼합 장착^{Tire Mixing}

① 타이어 장착은 차량의 제조사 매뉴얼에 기술되어 있는 권장 사항을 필히 준수해야 한다.

② 동일한 규격, 제품 타입(Summer, All-season, Winter, All-terrain), 속도 등급, 하중 능력, 구조(Bias, Radial)의 타이어가 장착되어야 한다.

③ 신차 출고용(OE) 타이어의 앞·뒤 바퀴의 규격이 다른 경우는 제외

[예] (F)245/45R18, (R)275/40R18]

2. 규격 혼합 장착^{Size Mixing}

① 타이어 규격의 혼합 장착이 불가피할 경우 반드시 동일한 축에는 동일한 규격의 타이어가 장착되어야 한다.

② ABS^{Anti-Lock Brake System}, TCS^{Traction Control System}, LSD^{Limited Slip Differential}, 4륜^{4 Wheel Drive} 구동 형식이 기본 장착된 차량은 반드시 동일한 규격을 장착해야 한다.

③ 신차 출고용(OE) 타이어의 전륜과 후륜의 규격이 다른 경우는 제외

[예] (F)245/45R18, (R)275/40R18]

3. 새 타이어와 사용중인 타이어의 혼합 장착(New and Old Tires Mixing)

① 최적의 차량 성능(승차감, 소음, 직진성, 견인과 제동)을 유지하기 위해 동시에 4개의 새 타이어 교환을 권장한다.

② 부득이 2개만 새 타이어를 교환할 경우 신품을 장착하는 위치에 따라 그 성능이 달라질 수 있으므로 다음을 참조해야 한다.

* 전륜 구동 차량의 경우 견인력과 제동력이 앞바퀴에 더 많이 집중되므로 신품을 앞바퀴에 장착한다.
* 뒤바퀴 구동은 차량의 추진력(노면 마찰저항)을 뒤바퀴에서 최대로 발생시켜야 하므로 신품을 후륜에 장착한다.
* 여기서 주의할 점은 위 두 가지의 경우 언더 스티어$^{Under\ Steer}$를 예방하기 위한 견인력 중심의 장착 위치를 추천한다. 회전 구간(코너링) 빗길 또는 마른 노면에서의 오버 스티어$^{Over\ Steer}$를 예방(미끌림)하기 위해 후륜에 마모율(홈 깊이)이 좋은 제품을 장착해야 한다.

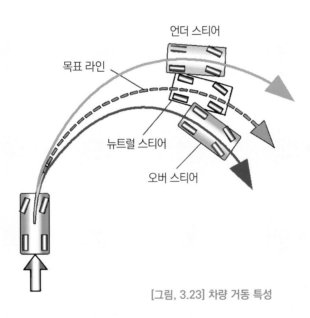

[그림, 3.23] 차량 거동 특성

CHAPTER **4**

8가지 응급상황 및 응급조치

1 충격에 의한 타이어 내부절단 현상 Cord Break Up

코드 절상^{CBU}은 주로 편평비(60시리즈 미만)가 낮은 승용차용 타이어에서 발생되는 사고의 양상이다. 발생 원인은 지하철 공사장의 복공판 모서리, 과속 방지 턱, 도로변의 포트 홀$^{Pot\ hole}$(움푹 패인 노면), 보도 연석 등을 과속(충격)하여 주행 시 타이어의 옆면이 급격히 접히면서 코드 절상이 발생된다.

특히 공기압이 부족한 타이어는 코드 절상 사고가 더욱 쉽게 발생할 수 있으므로 항상 적정 공기압을 유지하고 장애물 또는 비포장 구간을 주행할 때 속도를 줄이는 안전 운전이 매우 중요한 예방법이다.

❶ 외부 양상: 외부 충격에 의해 코드$^{Cord,\ Body\ Ply}$가 절상된 부위가 [그림 4.1] 좌측 사진처럼 사이드 월$^{Side\ Wall}$ 외측으로 부풀어 오르고(손가락 두 개에서 세 개 정도 넓이), 림 플랜지에 고무 충격의 흔적이 동반됨.

❷ 내부 양상: 타이어를 림에서 탈착한 후 내부 인너라이너$^{Inner\ Liner}$를 살펴보면 [그림 4.2] 우측 사진처럼 절상^{Cut}되거나 긴 타원형의 충격 흔적이 나타난다.(타이어 시리즈 및 사이드월의 두께에 따라 다소 상이할 수 있음)

[그림 4.1] 코드 절상 발생 상황

 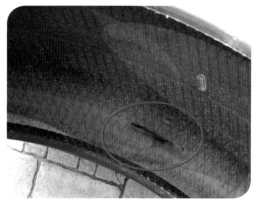

[그림 4.2] 코드 절상 내·외부 양상

[그림 4.3] 60 시리즈 이하 코드 절상 양상

2 타이어가 움푹 들어가는 현상^{Cord Overlap, Dent}

코드 겹침 증상은 타이어 성형 시 바디 플라이^{Body Ply}의 이음새^{Joint}가 두 겹으로 겹치면서 발생되는 증상으로 옷감의 재봉선으로 이해하면 좋을 듯하다. 코드의 겹침이 발생된 부위는 한 겹인 부위에 비해 공기압 주입 시 덜 팽창된다. 움푹 패인 것처럼 보이지만 모든 타이어는 코드 겹침 방식으로 제조하고 있고 사용상 문제가 되지 않으므로 안심해도 좋다.

성형시 바디 플라이(Body Ply)의 이음새(Joint)가 두꺼워져
공기압의 팽창에 대한 저항이 발생한다.

[그림 4.4] 코드 겹침 발생 원인

코드 겹침 증상을 확인하기 위해서 마모가 다 된 폐타이어의 사이드 월^{Side Wall}(옆면)을 365° 방향으로 절단한 후 아래 우측 사진과 같이 단면을 살펴보면 전원주 방향으로 2~3개의 코드 겹침^{Dent} 부위를 확인할 수 있다.

[그림 4.5] 코드 겹침 내부와 외부 양상

3 외부물체에 의한 타이어 손상

타이어 사고 중 많이 발생되는 사고 양상으로 주행 중 도로의 이물질(돌, 금속, 도로 단차, 연석)에 의해 타이어 옆면^{Side Wall, Cord}과 코드^{Cord}가 직각으로 날카롭게 절단되는 컷 (Cut) 양상이 있다.

대부분 운전자들은 당장 타이어가 파열되지 않아 계속 사용해도 될 것으로 안심하는 경향이 있지만 사실 언제 파열될지 모르는 매우 위험 상태인 것이다. 계속 사용이 가능 한지 자가 진단하는 방법으로는 절단^{Cut} 된 곳에 바디 플라이^{Body Ply}(폴리에스터 코드)가 보일 경우 즉시 타이어 전문점을 방문하여 진단 후 신품으로 교체할 것을 권장한다.

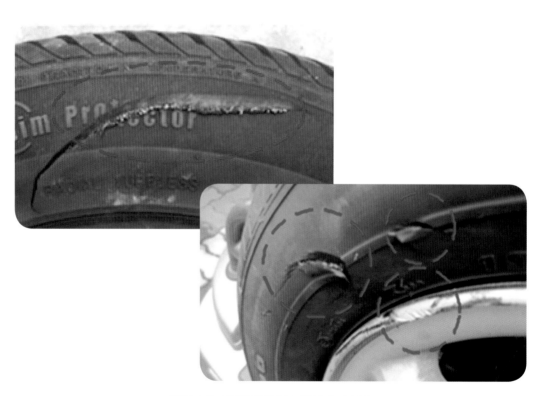

[그림 4.6] 사이드 월 컷(Side Wall Cut) 단면

사이드 월^{Side Wall}의 절단 증상은 전후·좌우 모든 차륜에서 발생할 수 있지만 특히 동승석 후륜에서 발생하기 쉬운데 그 이유는 우회전 시 동승석 후륜이 보도의 연석과 충격되는 경우가 종종 있고 이때 휠도 함께 손상되면서 심한 경우 충격 즉시 파열^{Rupture}되는 경우도 있다.

컷을 방지하기 위해서 정기적인 공기압의 점검을 실시하고 주행 전 타이어를 육안으로 검사한다. 도로 주행 시 돌출물 및 외상 사고에 주의한다. 또한 타이어 손상 사고가 발생하거나 관통 물체를 확인했을 시 즉시 확인하고 계속 사용 여부를 판단해야 한다.

[그림 4.7] 보도 연석 충격에 의한 컷(Cut)

위 사진은 시내버스 후륜에서 발생된 사고 양상으로 우회전 시 동승석 후륜 외측에서 주로 많이 발생되는데 이는 승용차·승합차도 동일한 양상을 많이 볼 수 있다. 우회전 시 항상 우측 후면의 사각지대와 장애물을 주의깊게 살피면서 핸들 조작을 해야 하며, 안전한 선회 반경을 확보하여 사고를 예방해야 한다.

4 타이어 표면이 트거나 갈라지는 현상

고무의 노화는 산소^{Oxygen}, 오존^{Ozone}, 열^{Heat}, 자외선^{Light}, 피로^{Fatigue} 등 외부 요인에 의해 타이어 내부의 고무 사슬이 절단되어 성능이 하락되는 것을 말한다. 타이어 수명은 관리 상태와 운행 거리에 따라 차이가 있지만 보통 3년~5년 정도이며, 아래와 같은 외부 환경에 노출될 경우 노화가 급격히 진행되면서 수명은 더 짧아질 수 있다.

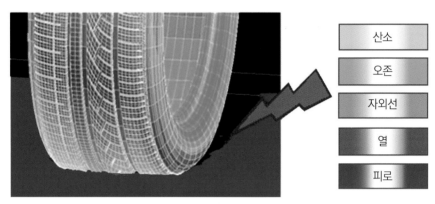

[그림 4.8] 고무의 노화

노화 크랙^{Crack}은 타이어를 장기간 사용할 경우 주로 발생된다. 타이어의 잔여 깊이가 많이 남아 있다 해도 노화 방지제 등의 화학 첨가제의 기능이 저하되는 경우 빠르게 나타나므로 전문가의 점검을 통해 신품으로 교체해야 한다.

노화 크랙^{Crack}이 발생하기 쉬운 조건은 다음과 같다.

❶ 차량의 운행이 적고 장기간 야외(실외)에 주차를 할 경우
❷ 자동차 세차 시 피비원^{Pb1} 계열의 화학 세제로 타이어를 자주 세척할 경우
❸ 주기적인 공기압의 점검을 하지 않을 경우

❹ 상시 주차 장소의 주변에 화학 물질이 근접해 있는 경우 노화 방지제와 화학 반응이 발생

❺ 해안 지역에서 운행하는 차량은 내륙 지역의 차량보다 노화^{Crack}가 빠르고 다소 높다.

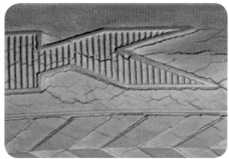

[그림 4.9] 트레드 그루브(Tread Groove)와 사이드 월(Sidewall) 노화 크랙(Crack)

주로 구동축에서 많이 발생되는 크랙^{Crack}이며 공기압의 부족, 과적, 급격한 핸들링(선회)이 증상을 빠르게 발전시키기도 한다. 적정 공기압을 유지하고 운행 중 충분한 휴식을 취하면서 타이어 방열에 신경을 쓰면 증상을 예방할 수 있다.

스트레스성 토크 크랙은 다음과 같은 경우 발생하기 쉽다.

❶ 타이어 보관 시 규정보다 높게 횡적재 할 경우(승용 10단 이하, 상용 7단 이하 추천)

❷ 중고 타이어(사용한 제품)를 장기간 횡적재 시 과하중에 의해 스트레스 누적 및 고무 갈라짐

❸ 공기압 부족 상태로 장시간 주행 또는 과하중 상태의 주차

[그림 4.10] 스트레스(Stress)성 토크 크랙(Torque Crack)

타이어 광택제와 사이드 월 크랙(Sidewall Crack)의 상관 관계 실험]

1. 목적 및 배경

자동차 용품점에서 판매중인 스프레이 광택제가 타이어 사이드 월$^{Tire\ Sidewall}$에 어떤 영향을 주는지 평가하기 위한 실험이다.

2. 시험 내용

(1) 시험된 광택제 종류

Sample 명	Armo	Leza	Water
광택제 상품명	아머올	레자 & 타이어 왁스	물 왁스

(2) 시험 내용

① 타이어^{Tire} 광택제의 성분 분석: FT-IR 분석

② 오존^{Ozone} 4 크랙^{crack} 평가: 현용 #1385, #1585 고무에 각 종류별 타이어^{Tire}광택제를 도포한 후 테스트(Test: O-링$^{O-ring}$, 다이나믹^{Dynamic})를 실시.

③ 시험된 고무: #1385, #1585

3. 시험 결과

① 광택제를 도포한 고무 표면에는 크랙^{Crack}이 발생되지 않았으나 잔류물을 처리하지 않을 경우 크랙이 발생된다(12시간 방치).

② 실리콘^{Silicone}계 광택제가 물 타입^{Type}에 비해 우수한 크랙^{Crack} 안정성을 제공한다.

③ 실리콘계 광택제가 도포된 고무는 촉촉한 느낌이며, 물 왁스^{Wax}는 균일한 도포가 되지 않는다.(표면장력 차이 때문)

④ #1385와 #1585 고무 모두 유사한 시험의 경향을 보인다.

[그림 4.11] 타이어 스프레이 광택제 오존 실험 사진(O-ring)

[그림 4.12] 타이어(Tire) 스프레이 광택제 오존 실험 사진(Dynamic)

4. 결론

① 차량을 세차한 후 타이어 표면에 도포된 광택제 중에서 실리콘^{silicone}계는 오존 크랙^{crack}의 안정성을 향상시켰다.

② 물 왁스^{wax}도 약간의 효과는 있었지만 타이어 표면에서 도포성이 좋지 않아 부분적으로만 효과를 나타냈다.

③ 잦은 광택제 도포는 지양하고 세차 시 비눗물로 세척한 후 물로 마무리할 것을 추천한다.

5 차량쏠림으로 인한 차선 이탈현상

차량의 쏠림이란 직진 주행중 운전자의 의도와 상관없이 차량이 한 쪽 방향으로 쏠리면서 차선을 이탈하려는 현상을 말한다. 최근 출시되는 신형 차량에는 차로이탈경고장치(LDWS $^{Lane\ Departure\ Warning\ System}$)가 장착되어 있어 차선 이탈을 일정 부분 제어할 수 있으나 시스템이 작동하지 않을 경우 예상치 못한 사고로 이어질 수 있다. 항상 직진 주행 상태를 유지할 수 있도록 간단한 점검 방법을 숙지하고 예방 정비를 해야 한다. 우측 쏠림 차량의 예상 경로와 좌측 쏠림 차량의 예상 경로는 아래 사진과 같다.

- 직진 유지(Steering Wheel Offset 무관, 마찰 제거)
- 우측 쏠림 예상: 좌측 차선 기준선 설정
- 좌측 쏠림 예상: 우측 차선 기준선 설정

차량 쏠림의 원인은 크게 차량 특성과 외부 인자의 영향으로 발생한다. 그러나 단순 공기압 편차에 의해서도 쏠림이 발생할 수 있고 도로 구배(횡단경사)에 따라 미세한 쏠림이 발생할 수도 있다.

[그림 4.13] 좌·우측 쏠림 예상 경로

차량의 쏠림 원인은 크게 차량의 특성과 외부 인자의 영향으로 발생한다. 그러나 단순 공기압의 편차에 의해서도 쏠림이 발생할 수 있고 도로의 구배(횡단 경사)에 따라 미세한 쏠림이 발생할 수도 있다.

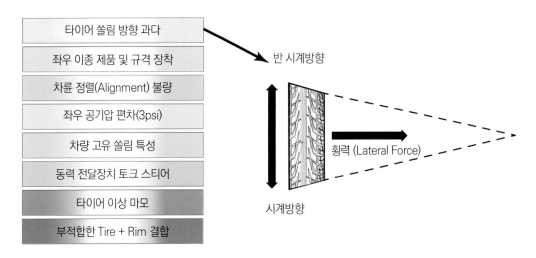

[그림 4.14] 차량 쏠림 원인

차량의 쏠림을 점검하는 방법은 총 4단계이다.

❶ 1단계: 공기압을 점검한다. 주행 전 핸들의 액세서리(핸들 봉)를 제거한 후 규정 공기압으로 전후·좌우를 동일하게 조정한다.

❷ 2단계: 타이어 구조의 동일성을 확인한다. 전후 이종 제품 및 규격 장착은 가능하나 좌우 이종 제품 및 규격 장착은 쏠림의 원인이 될 수 있다.

❸ 3단계: 차량의 하체를 점검한다. 특히 쇽업소버와 스프링의 좌우 감쇠력 차이는 쏠림의 가장 큰 원인이 될 수 있으며, 동력 및 조향 전달 장치의 변형도 직진 주행에 영향을 줄 수 있다.

❹ 4단계: 시험 주행을 통해 쏠림 현상을 관측하며, 쏠림의 정도를 확인하고 진단한다.

[그림 4.15] 핸들 정렬 예시

바른 자세로 시트를 조정하고 핸들을 좌우로 가볍게 돌리면서 수평 상태를 정렬한다. 시운전 코스에 진입한 후 80km/h의 정속 직진 상태에서 핸들의 정렬을 유지한다.

핸들 정렬 직후부터 직진중인 차량이 쏠림에 의해 옆 차선으로 이동되는 소요 시간을 측정한다. 이때, 핸들을 꽉 쥐거나 놓지 말고 종료 시까지 돌발 사고를 대비하여 가볍게 쥐거나 얹고 있어야 한다.

[그림 4.16] 쏠림 점검 시 올바른 핸들 자세(위: X, 아래: ○)

소요 시간은 주행 환경에 따라 대응이 용이한 기준을 선택하여 상대 차선까지 도달 시간을 측정한다. 80m/h의 정속 직진 조건에서 동일 주행차로 내 양측 차선의 끝에서 부터 끝까지의 이동 소요 시간이 6초 이하일 경우 차량 쏠림 현상이 없다고 판정한다.

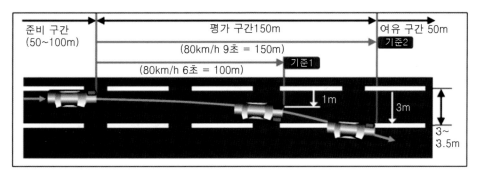

[그림 4.17] 자동차 쏠림 판정 기준

※ 80km/h 직진 조건

① 기준 1: 시속 80km/h로 100m 주행 시 좌우로 1m 이내로 쏠릴 경우 합격

② 기준 2: 시속 80km/h로 150m 주행 시 좌우로 3m 이내로 쏠릴 경우 합격

③ 단, 쏠림 판정 주행 시 차로 이탈 경고장치(LDWS) OFF 상태로 평가

용어정리

① 차로이탈방지보조(LKA: Lane Keeping Asist): 차로 이탈 시 위험 경고 시스템

② 차로유지보조(LFA: Lane Following Asist): 주행 차로 유지 보조 시스템

③ 고속도로주행보조(HAD: Highway Driving Asist): 고속도로 주행 시 선행 차량과 차선 상황을 인식하여 주행을 보조하는 시스템

④ 스마트 크루즈 컨트롤(SCC: Smart Cruise Control): 특정 속도 설정 후 가속 페달 조작없이 속도 유지 장치

⑤ 코니시티(Conicity): 타이어를 굴렸을 때 회전 방향에 관계없이 한 쪽으로만 발생하는 힘.

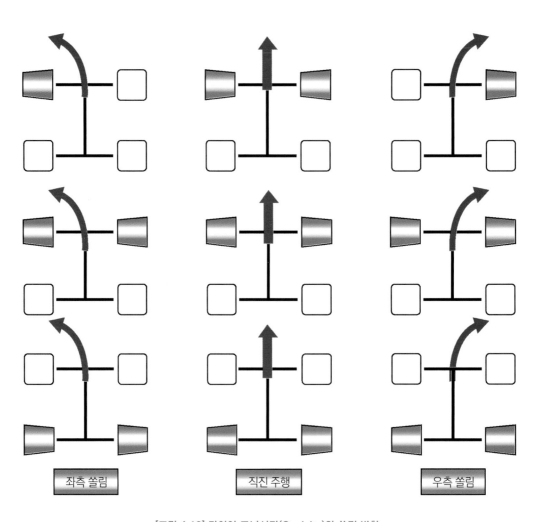

| 좌측 쏠림 | 직진 주행 | 우측 쏠림 |

[그림 4.19] 타이어 코니시티(Conicity)와 쏠림 방향

타이어는 제조 시 고유의 쏠림 방향을 갖고 만들어진다. 육안으로는 알 수 없지만 내부의 스틸 벨트$^{Steel\ Belt}$, 캡 플라이$^{Cap\ Ply}$, 비드^{Bead}, 에이팩스^{Apex}, 트레드^{Tread} 고무 등 타이어 부품들의 좌우 편심$^{Off\ Center}$으로 설치 또는 고무 양의 쏠림 제조 등이 원인이며, 그 쏠림량이 과다할 경우 차량 장착시 한 쪽 방향 쏠림 양상으로 나타나기도 한다.

위와 같은 방법으로 쏠림 증상을 확인하였다면 전륜 좌우를 위치 교환하고 재차 시험 주행을 해본다. 이 때 쏠림 방향이 처음과 다르게 반대 방향으로 바뀌었다면 다음과 같은 방법으로 쏠림 증상을 해결할 수 있다.

❶ 좌우 타이어의 공기압을 동일하게 재조정한다.

❷ 타이어의 유니포미티 마크^{Conicity}를 좌우 대칭되도록 재조립한다. 유니포미티 마크는 지름 12mm의 적색 원형 또는 도넛 모양으로 표시되며, 장착 시 내측 또는 외측으로 좌우측 바퀴에 일치시켜 장착해야 한다.

❸ 쏠림 방향의 타이어만 내외측 재조립 후 다시 주행 테스트를 해본다.

❹ 후륜도 한 쪽 쏠림에 영향을 줄 수 있으므로 위와 같은 방법을 동일하게 적용한다.

[그림 4.20] 유니포미티 마크

- 유니포미티(Uniformity) 마크:
  타이어 회전 중 접지면에 가해지는 힘의 변동 중 반지름 방향의 성분으로 RFV(Radial Force Variation) 라고 칭하고 쉽게 풀이하면 회전 중 가장 진동이 심하게 발생하는 부위라고 이해하면 좋다. 제조사마다 차이는 있지만 통상 쏠림 방향(Conicity) 사이드월에 표시한다.

6 타이어 마찰 소음발생 현상

주행중 타이어에 발생되는 소음은 트레드^{Tread}가 노면과 접촉하면서 고유 진동을 발생시키고 공기를 매개체로 전달되는 것을 말한다. 소음의 양상은 발생 원인에 따라 크게 세 가지로 나눌 수 있다. 트레드^{Tread} 패턴^{pattern}의 형상에 의한 패턴 소음, 노면 조건에 의한 노면 소음, 그리고 타이어의 이상 마모에 의한 이상 마모 소음이 이에 해당된다.

1 타이어 패턴 소음

패턴 소음의 경우 일반적으로 트레드^{Tread}의 형상이 리브^{Rib} 패턴보다 러그^{Lug}나 블록^{Block} 패턴일 경우에 소음이 더 크고, 지면과 접촉하는 블록 면적이 좁은 것보다 넓은 것이 더 큰 소음을 유발한다. 쉽게 말해 승차감용 제품보다 스포츠 주행용 제품의 패턴 소음이 더 큰 것이다.

그렇다고 접지 블록이 크다고 문제가 되지는 않는다. 접지 블록이 좁은 제품보다 접지 면적이 넓기 때문에 견인력과 제동력이 우수하고 특히 코너링과 추진 그립력이 우수하다.

[그림 4.21] 러그(Lug)와 블록(Block) 혼합 트레드 패턴

2 노면의 소음

노면 소음의 원인은 타이어의 패턴 형상보다 노면의 표면 거칠기에 따라 마찰 소음이 달리 발생하는 것을 말한다. 수많은 도로를 주행하면서 노면의 상태에 따라 소음이 다른 것을 경험해 보았을 것이다. 이 소음은 패턴의 형상이 조밀하고 리브^{Rib} 패턴에 가까울수록 소음의 발생이 적고 러그^{Lug} 또는 블록^{Block} 패턴에 가까울수록 더욱더 거칠고 강한 소음을 유발한다.

최근 신설되는 시멘트 도로는 과거에 비해 표면의 거칠기가 곱고 아스팔트 노면과 흡사한 수준의 노면 소음과 정숙성을 느낄 수 있다. 일반적으로 시멘트 노면의 소음 주파수는 가늘고 날카로운 고주파수를 형성하고 아스팔트 노면은 좀 더 중저음대의 굵직한 저주파수 영역을 나타낸다.

[그림 4.22] 노면의 종류(아스팔트 노면과 시멘트 콘크리트 노면)

3 이상 마모의 소음

이상 마모 소음의 주요한 원인은 부적절한 공기압의 관리, 차륜 정렬의 불량, 거친 운전 습관 등이 타이어에 이상 마모를 발생시켜 주행중 노면과 이상 마찰음을 유발시킨다.

특히 앞바퀴에서 톱니 마모^{Heel & Toe}는 보통 신품 장착 후 5,000km 전후로 발생하기 시작해서 10,000km가 넘어가면 주행중 '웅~웅~웅~, 착~착~착~' 하는 규칙적이면서 때로는 불규칙적인 이상 소음을 만들어낸다.

이 때 타이어 위치 교환을 통해 소음을 감소시키고 톱니 마모^{Heel & Toe}를 정상적인 마모로 유도하는 예방 정비를 시행해야 한다. 결국 이상 마모에 의한 소음은 적정 공기압 관리와 위치 교환 및 휠 얼라인먼트(차륜 정렬) 교정을 통해 사전에 예방하는 것이 최선의 해결법이다.

이상 마모의 또 다른 원인은 결함이 있는 현가장치, 액슬 빔, 베어링, 브레이크 편제동, 급출발 및 급제동, 휠의 무게 중심 불균형, 부적절한 타이어와 림의 조립 상태도 이상마모의 원인이 된다. 아무리 값비싼 타이어를 장착했다 해도 장착(조립) 품질이 불량할 경우 진동과 소음의 원인이 될 수 있는 것이다.

[그림 4.23] 불규칙 마모의 양상

위 3가지 소음 외 발생할 수 있는 타이어 소음은 다음과 같다.

- 펑크 수리한 지렁이^{Plug} 끝 부분과 노면의 마찰에 의한 소음

  (짝짝짝~~~, 쩍쩍쩍~~~) 발생

- 신품 장착 후 트레드에 부착된 스티커 미제거 시 날카롭고, 넓은 면적의 마찰음 발생

- 관통된 이물질(못, 나사, 철사, 너트 등)과 노면 마찰음(금속음의 날카로운 소리) 발생

- 트레드 홈^{Groove}에 돌이나 이물질이 낀 경우 돌 굴러 가는 소음 발생

주행 중 실내로 전해지는 타이어 소음을 줄이는 방법에 대해 몇 가지 추천한다면 다음과 같다.

❶ 차량 하체 및 실내 바닥 방음 공사(언더코팅, 흡음제 시트 설치 등)

❷ 외부 소음 차단용 문짝 몰딩 교체

❸ 마모율 50% 미만 타이어 교체(트레드 홈 깊이 낮아지면서 충격음 증가)

❹ 이상마모된 타이어 위치 교환 및 신품 교체

❺ 타이어 내부^{Inner Liner}에 흡음재 폼 시공(사용중인 제품 시공 가능)

[그림 4.24] 인너 라이너(Inner Liner) 흡음재 폼 시공

7 타이어 이상 마모

1 편측 마모 ^{One Side Wear}

편측 마모는 트레드 숄더부 한쪽이 다른 쪽보다 빠르게 마모되는 것을 말하고 발생되는 원인은 다음과 같다.

❶ 휠 얼라인먼트가 부적절하다(토, 캠버)

❷ 킹핀이 마모되었다.

❸ 허브 베어링이 마모에 의해 헐겁다.

❹ 축에 과도한 하중이 부가된다.

❺ 타이어의 위치 교환 시기를 준수하지 않았다.

[그림 4.25] 편측 마모 타이어

2 솔더 단차 마모 Shoulder Step/Chamber Wear

솔더 단차 마모는 솔더 리브의 바깥 가장자리가 솔더 리브의 안쪽 및 중앙 리브보다 빠르게 마모되는 현상으로 발생하는 원인은 다음과 같다.

❶ 타이어의 공기압이 부족하다.

❷ 휠 얼라인먼트가 부적절하다.

❸ 타이어의 위치 교환 시기를 준수하지 않았다.

❹ 빈번한 급제동 및 급출발의 운행이 이루어진다.

[그림 4.26] 솔더 단차 마모 타이어

3 대각선 마모 Diagonal Wear

1 부적절한 현가장치 또는 액슬 빔이나 베어링과 같은 회전부품이 부적합하다.

2 타이어와 림의 과도한 런 아웃, 타이어와 림의 조립이 불량하다.

3 휠 얼라인먼트 및 휠 밸런스가 부적절하다.

4 타이어의 공기압이 부족하다.

5 타이어의 위치 교환 시기를 준수하지 않았다.

[그림 4.27] 대각선 마모 타이어

4 물결 마모^{Wavy Wear}

타이어 숄더부 전원주 방향으로 발생되는 물결 모양 양상이며, 발생 원인은 다음과 같다.

❶ 타이어 공기압의 부족 및 하중이 과하게 부가된다.

❷ 결함 있는 현가장치 또는 액슬 빔이나 베어링 등 회전 부품에 결함이 있다.

❸ 휠 얼라인먼트 및 휠 밸런스가 부적절하다.

❹ 타이어와 림의 과도한 런 아웃

상기 현상이 발견되면 구동축으로 타이어의 위치를 교환한다.

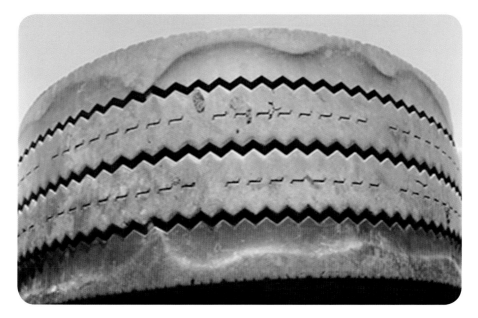

[그림 4.28] 물결 마모 타이어

5 국부 마모 ^{Skid / Flat Spot Wear}

❶ 브레이크 잠김^{Lock} 상태에서 주행(캘리퍼 피스톤, 브레이크 슈 고착)

❷ 난폭한 브레이크 사용과 남용(급제동 슬립)

❸ 낡은 휠 베어링, 불량한 에어 서스펜션

대형 트럭 버스의 경우 복륜(후륜)에서 국부마모가 발생 시 한 쪽 차륜을 180° 위치 교환하면 주행 중 진동과 소음을 줄일 수 있으나 근본적인 신품 교체를 권장하며, 단륜 (전륜)에서 발생 시 위치 교환으로 해결할 수 없으므로 즉시 신품으로 교체할 것을 추천 한다.

아래 우측 그림과 같이 외측륜을 180°로 위치를 교환하면 주행 중 진동과 소음이 최소화된다.

[그림 4.29] 국부 마모 타이어

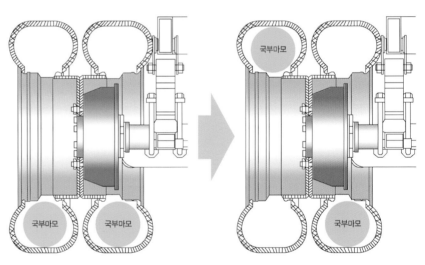

[그림 4.30] 복륜(후륜) 국부 마모 조치법

6 블록 단차 마모 Heel & Toe Wear

블록 단차마모는 트레드 숄더Shoulder 러그Lug 블록에 주로 발생되는 마모 양상으로 다음과 같은 경우 빠르고 심하게 발생된다.

❶ 타이어 공기압의 부적당 및 하중이 과하게 부가된다.

❷ 현가장치에 결함이 있다.

❸ 급제동 급가속(칼치기 등 험한 운전 습관)

❹ 타이어의 위치 교환 시기를 준수하지 않았다.

❺ 구동축에서 더 심하게 발생한다.

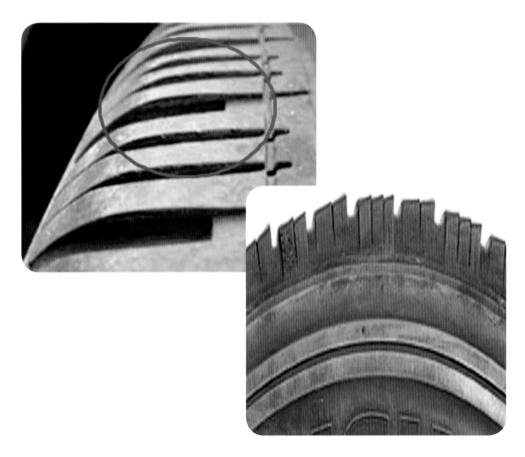

[그림 4.31] 블록 단차 마모 타이어

7 한쪽 리브 마모 Rib Punch Wear

한쪽 리브 마모는 숄더 리브를 제외한 중앙부터 트레드에서 하나 또는 두 개의 리브만 빨리 마모되는 현상으로 발생하는 원인은 다음과 같다.

❶ 서스펜션의 불량 또는 베어링과 액슬 빔 등의 회전부품이 불량하다.

❷ 타이어의 공기압이 부족하다.

❸ 휠 얼라인먼트가 부적절하다.

❹ 타이어와 림의 부적절한 결합으로 장거리 주행 시 비非 구동축의 타이어에서 발생하는 빈도가 높다.

[그림 4.32] 한쪽 리브 마모

8 부분적인 불규칙 마모 Cupping / Scallop Wear

부분적인 불규칙 마모는 트레드 둘레에 조개 모양의 마모로 나타나며 대부분 숄더 리브에서 발생한다. 부분적 불규칙 마모의 발생 원인은 다음과 같다.

❶ 휠 언밸런스가 과다하다.(밸런스 납 과다 부착)

❷ 휠 타이어 차체 결합 불량(드럼 페이스 이물질 고착)

❸ 서스펜션에서 충격의 흡수 기능이 부족하다.

❹ 이러한 종류의 마모는 전형적으로 비구동축 타이어에서 주로 발생한다.

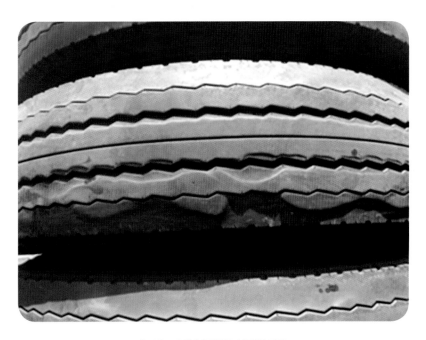

[그림 4.33] 부분적인 불규칙 마모

9 조기 마모 ^{Rapid Wear}

조기마모는 대개의 경우 차량의 하체 불량으로 인해 타이어 수명이 비정상적으로 빠르게 마모되는 양상을 말하며, 빠른 경우 신품 장착 후 10일 이내 마모 한계선까지 마모되는 경우도 있다. 발생되는 원인은 아래와 같다.

❶ 부적절한 휠 얼라인먼트(관리)

❷ 부적절한 공기압 및 과하중(관리)

❸ 차량 주변 장치 불량(관리)

❹ 위치 교환 미준수(관리)

❺ 차량 운행 속도(사용 조건)

❻ 급격히 빠른 브레이크 조작(사용 조건)

❼ 커브가 많은 언덕길(사용 조건)

❽ 거친 노면 운행(사용 조건)

❾ 고온에서 사용(사용 조건)

다음과 같이 점검 및 관리가 필요하다.

❶ 휠 얼라인먼트 점검(차량 하체 부품 점검 필수)

❷ 적정 공기압(최소 월 1회 이상), 정기적인 위치 교환(5천~7천km, 최소 1만km 이전 시행)

❸ 올바른 운전 방법 권장: 급출발, 급정지, 급회전 지양

[그림 4.34] 조기 마모

8 급격한 공기압 감소

런 플랫 사고는 주행중 갑작스럽게 공기압이 완전히 빠지면서 주행 불능 상태로 타이어가 파열^{Rupture} 되는 증상을 말한다.

발생 원인은 사이드 월$^{Side\ wall}$ 손상 부위의 내구력 약화, 펑크 수리 부위의 접착력 약화, 코드 절상(C. B. U) 부위의 내구력 저하, 공기압 부족 상태의 스트레스(응력) 축적 등이 있으며, 공기압 부족 상태에서 지속적인 굴신 운동으로 사이드 월의 온도가 증가하면서 내구력의 한계점을 벗어난 경우 발생하게 된다.

사고 예방법은 주기적인 적정 공기압 관리가 매우 중요하고 타이어가 손상된(컷, 펑크 등) 경우 신품으로 즉시 교체하는 것을 권장한다.

[그림 4.35] 런 플랫(Fun-Flat) 발생 양상

사이드 월 컷

❶고의 손상 및 험로 상처

밸브 코어 불량

❷ 밸브 미 교환

밸브 불량/손상

❸ 밸브 미교환

타이어 펑크 수리

❹ 타이어 펑크 수리

림/비드 이물질

❺ 림 비드 간 이물질로 미세 누출

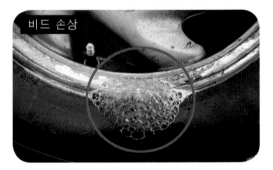

비드 손상

❻ 타이어 탈부착 시 비드 손상

[그림 4.36] 공기압 누출에 의한 런 플랫(Run-Flat)

 **쉬어가기**

미쉐린 타이어 스페셜 마킹

스페셜 마킹은 미쉐린에서 생산되는 일부 제품의 사이드 월$^{Side\ wall}$에 표시되며, 자동차 제조사는 차종별 전용 제품을 표시하는 마킹이므로, 절대 혼용하여 장착을 금지하고 있다.

[표 4.1] 미쉐린 타이어 구분

구분	의미
*	BMW에 장착되는 타이어
MO	Mercedes Benz에 장착되는 타이어
MO1	AMG에 장착되는 타이어
MOE	Mercedes Benz에 장착되는 런 플랫 타이어
N0, N1, N2, N3, N4	Porsche, Volkswagen Touareg에 장착되는 타이어
K1	Ferrari에 장착되는 전용 타이어
S1	매우 낮은 회전 저항을 의미
DT(DT1)	트레드(Tread)의 특별한 재질 또는 패턴을 의미
AO	Audi에 장착되는 타이어
RO1	QUATTRO에 장착되는 타이어
EXTRA	동일 규격의 일반 제품보다 하중 능력이 보강된 타이어

[그림 4.37] 미쉐린 타이어

CHAPTER **5**

이제 나도
타이어 전문가

1 타이어 수리 노하우

자동차를 운행하다 한 번쯤은 타이어의 펑크^{Puncture}로 인해 정비소(카센터, 타이어 대리점 등)에서 수리를 받아 본 경험이 있을 것이다.

작업 시간은 대략 분무기로 공기가 누출되는 부위를 찾는 것부터 시작해서 지렁이^{Plug}를 바람이 누출되는 펑크 부위에 찌르고 돌출된 지렁이^{Plug}의 꽁지를 잘라 내는 시간까지 대략 10분이면 충분해 보인다.

수리비용도 평생 공짜라고 홍보하는 타이어 판매점이 많아 기분 좋게 수리를 받을 수 있다. 그런데 한 가지 걱정되고 불안한 것은 "이렇게 수리된 부위가 주행중 터지지는 않을까? 삽입된 지렁이가 빠지지는 않을까?" 항상 불안하고 마음껏 액셀러레이터 페달을 밟지 못하게 된다.

이번 장(타이어 수리의 노하우)을 통해 정비소(카센터, 타이어 판매점)에서 제공하는 펑크^{Puncture} 수리 방법이 제대로 된 안전 수칙과 수리 절차를 준수하고 있는지 알아보자.

1 타이어 수리의 법적 보호 범위

일반적으로 타이어는 수리를 해서 재사용하는 것이 자동차 운전자라면 누구나 알고 있는 상식이다. 그러나 타이어를 만든 제조사와 소비자간 분쟁이 발생됐을 때 소비자가 받을 수 있는 보상 범위는 [2018년 2월 28일 개정된 공정거래위원회 고시 소비자 분쟁해결기준(이하, 기준)]을 적용하게 된다.

기준에 따르면 사용중 수리된 타이어는 제조사가 정한 속도 등급, 최대 하중, 최대 공기압을 더 이상 보증할 수 없으므로 피해 보상 기준에서 제외되는 것이다. 따라서 타이어 수리는 사용자의 요구에 따라 선택적으로 가능하나 보상 책임 범위에서 제외됨을 인지하여야 한다.

특히 정비소(카센터, 타이어 판매점)에서 잘못된 수리로 인해 사고 발생 시 정비 과실에 대한 책임 범위에 대해 소비자와 분쟁이 발생할 수 있음을 인지하고 정비소와 판매점은 책임감을 갖고 올바른 타이어 수리 서비스를 제공하여야 한다.

[표 5.1] 소비자 분쟁 해결기준

타이어		
분쟁 유형	**해결 기준**	**비고**
1) 세퍼레이션(Separation) – 접착불량 – 공기잠입에 의한 주행중 성장 – 미가황에 의한 물성변화 – 이물입 상태(모래, 약품 등)	o 제품 교환 (교환 불가능 시 환급)	* 적용: 제조상 과실에 의한 손상인 경우 * 교환: 마모율 10% 미만 * 환급 마모율 10% 이상 80% 미만
2) 균열(Cracking) – 트레드(Tread)와 사이드 월(side wall)접합부 불량 – 과가황에 의한 물성변화	o 제품 교환 (교환 불가능 시 환급)	* 환급금액 = 구입가 × (1– 마모율) * 마모율(%) · (표준스키드 깊이 – 잔여스키드깊이)/ 표준스키드깊이 × 100
3) 비드(Bead)부 파손 – 비드 부위에 공기가 들어감 – 비드 부위에 미가황 – 비드와이어 위치불량 – 가황 후 몰드 및 팽창기에서 인출 시 비드 부위 손상 – 비드 굴곡 – 비드와이어 접착불량	o 제품 교환 (교환 불가능 시 환급)	* 보상제외 · 마모율 80% 이상인 경우
4) 칩핑, 천킹, 컷팅(Chipping, Chunking, Cutting) – 배합고무 분배불량에 의해서 고무가 떨어짐 – 과가황에 의한 고무 떨어짐.	o 제품 교환 (교환 불가능 시 환급)	* 수리제품 · 구입일로부터 3년 이상인 제품 (증빙서 없는 경우는 제조일을 기준함) · 부당한 목적을 갖고 사고 타이어를 수집하여 보상청구를 한 것이 분명한 제품
5) 이음매 벌어짐(Joint Open) – 트레드의 이음매 부위가 접착불량으로 벌어짐. – 사이드 월 이음매 부위가 접착불량으로 벌어짐.	o 제품 교환 (교환 불가능 시 환급)	
6) 공기 누출(Air Leakage) – 송곳(Awling)작업 불량에 의한 공기 누출 – 비드 위치불량, 굴곡 Toe 불량으로 인한 공기누출	o 제품 교환 (교환 불가능 시 환급)	
7) 계약한 규격과 인수한 규격이 다를 경우	o 제품 교환 (교환 불가능 시 환급)	* 상표명이 없는 제품

[표 5.2] 타이어 점검표 예시_고객 확인서

· 타이어 사양

타이어 규격				타이어 규격		
제조일자(DOT)				제조일자(DOT)		
외상/관통	유	무		외상/관통	유	무
타이어 규격				타이어 규격		
제조일자(DOT)				제조일자(DOT)		
외상/관통	유	무		외상/관통	유	무

· 고객확인서

다음의 사항을 숙지하였으며 사실을 확인합니다.
1. 타이어 수리용 플러그 코드(plug cord)를 이용한 수리법은 임시적인 타이어 수리방법으로 타이어의 속도등급, 최대공기압, 하중지수 등의 성능 표시는 더이상 유효하지 않으므로 반드시 유념하시고 운행하십시오.
2. 타이어프로는 손상된 고객님의 타이어 수리를 위한 최적의 방법을 고객님께 알려드렸으나 고객님의 요청에 따라 플러그 코드를 삽입하는 임시조치를 무상으로 취해 드렸습니다.
3. 임시 수리된 타이어로 인해 향후 발생할 수 있는 모든 신체적, 정신적, 물질적 피해 및 책임은 전적으로 고객님께 있으며, 타이어프로와 타이어 제조사는 그 어떠한 책임도 지지 않습니다.

고객명 : _____ (서명)

· 종합의견 및 특기사항 ☐ 공기압점검시기 : 월1회이상 (적정공기압) ☐ 위치교환시기 : 5,000~10,000Km

위 표 5.2 와 같이 타이어 점검표를 이용하여 고객 상담 시 타이어 수리에 관한 중요 내용을 고객에게 고지하고 안전을 위한 최적의 선택을 제안하는 것을 추천한다.

2 타이어 수리 가능 범위(권장)

이물질에 의해 접지면^{Tread}이 관통된 타이어는 궁극적으로 신품으로 교체하기를 권장하고 있으나 운전자의 요구가 있는 경우 정비소와 타이어 판매점에서는 지렁이^{Plug}를 이용한 펑크^{Puncture} 수리를 대부분 제공하고 있다.

접지면^{Tread}에 이물질이 관통되어 수리를 해야 할 경우 제조사에서 추천하는 권장 수리 범위를 준수하며 작업을 진행한다. 그 범위를 벗어난 수리를 요청 받았을 경우 필히 운전자에게 그 위험성을 알리고 안전을 위한 최적의 선택을 추천해야 한다.

펑크 수리 가능 범위는 타이어의 단면 폭에 따라 조금씩 차이는 있으나 대체로 그림과같이 트레드^{Tread}(접지면) 중앙 부위이며, 좌우측 숄더^{Shoulder} 끝 부위에서 접지면 중앙 부위로 2~3cm(노랑색) 까지 수리하지 않는 것이 좋다. 그 이유는 양쪽 숄더 부위는 트레드 스틸 벨트$^{Tread \, Steel \, Belt}$ 끝부분이 위치하고 있어 펑크 수리를 한 경우 고하중, 발열에 의해 1번과 2번 스틸 벨트 사이의 접착력이 약화되어 주행중 박리현상^{Separation}이 발생할 수 있기 때문이다. 그리고 손상된 구멍의 크기가 승용차는 6mm 이하, 트럭은 10mm 이하일 때 수리할 것을 추천한다.

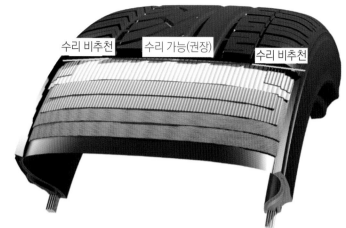

[그림 5.1] 타이어 수리가능 위치

3 타이어 수리 종류

아래 그림은 타이어 수리 방법을 열거한 것이다.

일반적으로 플러그^{Plug, 지렁이}, 패치^{Patch}, 플러그-패치^{Plug-Patch} 타입은 양쪽 숄더^{Shoulder}를 제외한 트레드^{Tread, 접지면}에 발생된 작은 구멍을 수리하고 가열 수리법^{Vulcanizing}은 비드^{Bead}를 제외한 트레드^{Tread}, 숄더^{Shoulder}, 사이드 월^{Sidewall} 부위에 대체로 큰 손상 부위를 고온으로 가황하여 수리하는 방법이다.

Plug (지렁이)

수리부위	외부
수리시간	5분 내외
수리비용	약 0원~1만
안전성	★☆☆☆☆
숙련도	★☆☆☆☆

Patch (빳찌)

수리부위	내부
수리시간	약30~40분
수리비용	약 2만원~3만
안전성	★★☆☆☆
숙련도	★★★★☆

Plug-patch (버섯패치)

수리부위	내부
수리시간	약40~50분
수리비용	약 2만원~5만
안전성	★★★★☆
숙련도	★★★★☆

Vulcanizing (불빵구)

수리부위	내부
수리시간	약1시간~2시간
수리비용	약 2.5만원~8만
안전성	★★★☆☆
숙련도	★★★★★

Repair kit (Sealant)

수리부위	외부
수리시간	약30~40분
수리비용	약 10만원 (4본 기준)
안전성	★☆☆☆☆
숙련도	★☆☆☆☆

[그림 5.3] 지렁이(Plug) 수리 개념

(1) 지렁이^{Plug} 수리

❶ 장점: 수리 방법이 간편하고 짧은 시간에 작업이 가능하다. 저렴한 수리 비용(1만원 미만)

❷ 단점: 타이어 내부를 점검할 수 없다. 공기압의 누출 재발생, 운행중 수리부위에서 이탈, 플러그 수리 부위에 수분 침투로 접착력 하락 및 주행중 스틸 벨트 세퍼레이션^{Steel Belt Separation}의 발생.

수리부위	외부
수리시간	5분 내외
수리비용	약 0원~1만
안전성	★☆☆☆☆
숙련도	★☆☆☆☆

❸ 사용 실태: 플러그 절약을 위해 절반 사용, 접착제(시멘트) 미도포 작업, 플러그, 삽입용 드릴 사용으로 확장 손상

트레드 스틸 벨트가 없는 숄더, 사이드월, 비드 부위는 지렁이^{Plug} 방식의 펑크 수리를 해서는 안되며, 수리 전문점에서 추천하는 기준에 따라 패치^{Patch}, 가열^{Vulcanizing} 방식으로 수리를 해야 한다. .

[그림 5.3] 부적절한 플러그(Plug,지렁이) 수리 사례

(2) 패치^{Patch} 수리

❶ 장점: 타이어 내부의 손상 상태 확인 가능, 플러그 수리 대비
손상 부위를 넓게 수리 가능

❷ 단점: 수리 후 노출된 외부 구멍으로 수분, 염화칼슘 등 침투
Steel Belt 산화, 인너라이너^{Inner Liner} 손상으로 추가 공기 누출 위험

❸ 사용 실태: 패치 부착 방향 미준수로 작업 후 이탈 현상, 원가
절감 위해 규격외 패치 사용

수리부위	내부
수리시간	약30~40분
수리비용	약 2만원~3만
안전성	★★☆☆☆
숙련도	★★★★☆

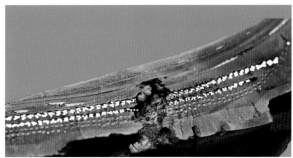

[그림 5.4] 패치 수리

(3) 플러그 패치^{Plug-Patch} 수리

❶ 장점: 타이어의 내부 손상 상태 확인가능, 관통 부위를 수분,
염화칼슘 등 침투 불가, 타이어 수리 방법 중 가장 안전한 수
리법

수리부위	내부
수리시간	약40~50분
수리비용	약 2만원~5만
안전성	★★★★☆
숙련도	★★★★☆

❷ 단점: 전용 수리 공구 필요, 작업 숙련
도 요구, 높은 수리 비용

❸ 사용 실태: 고인치 고급 승용차 타이어
에 선호, 타이어 수리에 대한 중요성 확
산으로 적용 매장 확산

노하우 팁

다음 6가지의 경우 타이어 수리 불가

① 공기압의 부족으로 인한 손상

② 과적으로 인한 손상

③ 코드(Cord)가 분리 되었거나 절상된 경우

④ 비드 와이어(Bead Wire)가 보이거나, 구부러지거나 부러졌을 때

⑤ 사이드 월(Sidewall) 부위 또는 트레드(Tread)에 깊은 균열이 2mm 이상 발생 시

⑥ 마모된 사이드 월(Sidewall) 의 코드(Cord) 노출

[그림 5.5] 플러그 패치 수리

(4) 플러그 패치 작업 공정

❶ Step 1. 손상 부위 확인

관통된 이물질을 제거한 후 손상 부위의 내·외측을 표시한 후 펑크 홀 체커를 이용하여 관통된 각도, 깊이, 등을 점검한다.

[그림 5.6] 손상 부위 확인

❷ Step 2. 인너 라이너^{Inner Liner} 청소

고무 클리너와 스크레퍼를 이용하여 내부를 깨끗이 청소한다. 2~3회 반복 작업하여 오염 물질을 모두 제거한다.

[그림 5.7] 인너 라이너 청소

❸ Step 3. 손상 부위 정리

카바이트 날이 장착된 수리용 저속 드릴 (500rpm)을 이용하여 안쪽과 바깥쪽에 구멍을 낸다. 2~3회 반복해서 작업한다.(고무 및 와이어 제거)

[그림 5.8] 손상 부위 정리

❹ Step 4. 인너라이너 버핑

부착할 패치 크기만큼 버핑할 부위를 마킹 하고 저속 버핑기(5000RPM)와 휠을 이용하여 인너라이너를 갈아 낸다.(2차로 와이어 브러쉬를 이용하여 표면을 곱게 버핑한다.)

 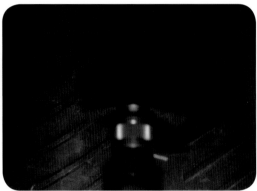

[그림 5.8] 인너라이너 버핑

❺ Step 5. 버핑 가루 청소

부드러운 버핑 브러시를 이용하여 표면을 정리하고 진공 청소기를 이용하여 타이어 내측에 버핑으로 인해 발생된 인너 라이너 가루를 청소한다.(에어컨 사용 금지)

[그림 5.14] 버핑 가루 청소

❻ Step 6. 펑크 홀 및 패치 부착 위치 시멘트 도포

펑크 구멍 확장 툴을 이용하여 작업 홀 내부에 시계방향으로 돌려서 시멘트(본드)를 3~4회 반복 도포한다.(동절기에는 시멘트 접착력이 저하되므로 히팅 건을 이용하여 도포 부위를 건조 시킨다.)

[그림 5.9] 펑크 홀 시멘트 도포

❼ Step 7. 스템 시멘트 도포

스템의 파랑색 비닐 커버를 제거한 후 스템 가운데 회색 부분에 시멘트(본드)를 바른다. (약 1분정도 시멘트 건조 과정 필요)

[그림 5.13] 스템 시멘트 도포

⑧ Step 8. 스템 삽입 및 고정

인너라이너^{Inner Liner}에서 삽입 후 끝 부분 3mm만 남기고, 바깥쪽에서 스템을 잡아
당겨 절단할 길이를 조절한다.

[그림 5.14] 스템 삽입 및 고정

⑨ Step 9. 패치 부착 위치 시멘트 도포

작업 표면에 시멘트(본드)를 얇고 평평하
게 바른 후 3~5분 동안 건조시킨다.(*춥거
나 습기가 많을 때는 건조시간을 늘린다.
에어 드라이를 사용해도 좋다.)

[그림 5.15] 패치 부착 위치 시멘트 도포

⑩ Step 10. 패치 부착

패치 뒷면의 파랑색 보호 비닐을 가운데만 제거한 후 손상 부위 중앙에 부착한다.

[그림 5.16] 패치 부착

⑪ Step 11. 패치 문지르기

엄지손가락으로 패치 중앙부터 아래로 눌러준 후 압착 롤러로 중앙부위를 문질러 준다. 패치 뒷면에 남은 파란색 비닐을 마저 제거한 후 중앙부터 외측 방향으로 롤러 작업을 한다.

[그림 5.17] 패치 문지르기

⑫ Step 12. 문지르기 및 코팅제 도포

왼쪽, 오른쪽 수평방향으로 롤러 작업을 한 후 패치 윗면의 투명 비닐을 제거한다. 인너 라이너 코팅제를 패치 가장자리에 바른다.(패치의 완전한 밀봉 및 진공상태 유지)

[그림 5.17] 문지르기 및 코팅제 도포

⑬ Step 13. 수리 마무리

트리드 바깥쪽으로 튀어나온 스템을 3mm만 남기고 잘라낸 후 작업을 마무리 한다.

[그림 5.18] 수리 마무리

(5) 벌케나이징Vulcanizing(가황) 수리

❶ 장점: 타이어 내부의 손상 상태 확인 가능, 열가류 방식으로 접착제(시멘트) 미사용(가열), 내·외측 전체 수리 가능.

❷ 단점: 고난이도 작업 숙련도 요구, 수리 품질 불균일, 고가격 수리비, 수리 과정에 인너 라이너의 손상 가능성 높음, 손상 부위 고무 덧댐으로 수리한 후 밸런스 불균일 발생, 수리 시간 장시간 소요(1~2시간), 수리 온도·시간 부적절 시 코드^Cord 변형 발생

❸ 사용 실태: 숄더^Shoulder, 사이드 월^SideWall 위주 수리, 최후의 수단으로 작업, 속칭 "불빵구"로 불리고 있으며, 2000년대 초반 일부 매장에서 시행하였으나 최근 장비 보유 매장을 찾기 어려움.

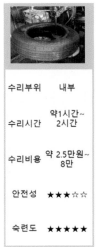

수리부위	내부
수리시간	약1시간~2시간
수리비용	약 2.5만원~8만
안전성	★★★☆☆
숙련도	★★★★★

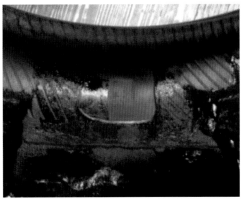

[그림 5.19] 불빵구(열가류 수리)

(6) 실런트^{Sealant} 수리 킷^{Kit}

❶ 장점: 타이어 내부 손상 상태 확인 불가, 신속한 수리, 수리 작업 필요없이 손상 부위 메꿔 줌

❷ 단점: 임시 조치로 빠른 추가 수리 필요, 수리 후 주행 시 진동의 문제가 발생, 추가 수리 미 이행 시 TPMS 밸브 막힘, 손상부위 크면 수리 불가

❸ 사용 실태: 최근 신차 위주 리페어 킷^{Repair kit}적용, 인식 부족으로 TPMS 고장 증가, 비규격품 사용으로 차량별 보충액 주입량 부적절(진동 발생)

수리부위	외부
수리시간	약30~40분
수리비용	약 10만원 (4본 기준)
안전성	★☆☆☆☆
숙련도	★☆☆☆☆

[그림 5.20] 실런트 수리 킷

2 타이어 장·탈착 및 휠 밸런스 작업 노하우

타이어가 생산 공정에서 최고의 반제품 관리와 검사 과정을 거쳐 만들어졌다 해도 최종 소비자에게 전달되기까지 마지막으로 거쳐야 하는 것이 장·탈착 서비스 과정이다.

타이어를 휠에 조립하고 휠밸런스 교정을 거쳐 최종 차량에 장착할 때까지 하찮게 여기고 무시할 수 있는 작업 오류에 대해 점검하고 최고의 제품을 200% 이상 돋보이게 할 수 있는 장·탈착 노하우를 알아보도록 하자.

1 타이어 장·탈착 절차 및 주의사항(TPMS 장착 제품)

(1) 타이어 탈착하기

❶ 공기압 빼기: 공기압을 뺄 때는 밸브의 종류(TPMS 밸브 또는 고무 밸브)를 확인한다.

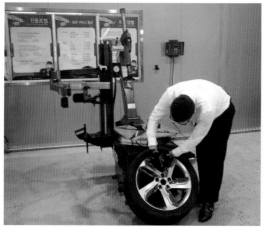

[그림 5.21] 공기압 빼기

[그림 5.22] 좌 : TPMS용 밸브, 우 : 일반 TR413 밸브

❷ TPMS 센서와 비드 블레이드^{Blade}를 90°로 위치하고 비드와 림을 분리한다. 시계 방향으로 돌리면서 TPMS 센서가 파손되지 않도록 주의한다.(내측 비드 분리 시 TPMS 센서를 피해 동일하게 작업한다.)

[그림 5.23] 비드와 림 분리

❸ 마운팅·디마운팅 헤드를 12시로 기준하고 TPMS 센서를 1시와 3시 사이에 위치 시킨 후 첫 번째와 두 번째 비드를 탈착한다.

[그림 5.24] 비드 탈착

❹ 타이어 탈착 후 TPMS 센서 점검: 센서와 별개로 고무 밸브는 일체형이 아닌 경우 교체할 수 있으며, 밸브 경화 상태에 따라 에어 누출이 발생할 수 있으므로 필히 신품으로 교체할 것을 추천한다.(비용 발생 시 고객님께 고지 후 비용 청구)

[그림 5.25] TPMS 센서 검사

❺ 분리형 TPMS 밸브는 마운팅 면을 확인한 후 센서와 맞는 밸브로 교체해야 한다.

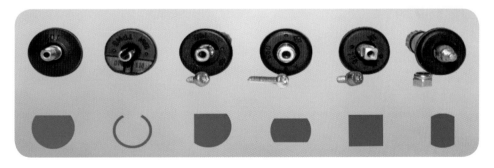

[그림 5.26] TPMS 마운팅

(2) 타이어 장착하기

❶ 신품 타이어를 장착하기 전 비드^{Bead}가 안착되는 비드 시트^{seat}에 이물질을 제거한다. (먼지, 돌, 녹 등으로 인해 비드 안착이 불량해지고 주행중 에어 누출 및 진동의 원인이 될 수 있다.)

❷ 림 청소가 완료되면 마운팅·디마운팅 헤드를 12시로 기준하고 TPMS 센서를 5시~7시 사이로 조정한 후 턴테이블에 올려놓는다.

❸ 신품 타이어의 비드에 식물성 윤활제(비드 크림)를 도포한다. 여기서 주의할 점은 타이어 전용 비드 크림이 없을 경우 비눗물을 사용해도 좋다.(엔진·미션·브레이크 오일 등 합성 케미컬은 사용 금지한다. 그 이유는 고온에서 고무 물성을 변화시켜 빠른 경화와 고무가 녹는 현상이 발생할 가능성이 있다)

❹ 장착은 탈착의 역순이며, 하단 비드를 먼저 림에 장착하고 TPMS 센서를 5시~7시로 위치시킨 후 상단 비드도 동일하게 장착한다.

주의

장착중 비드의 손상을 방지하기 위해 마운팅·디마운팅 헤드를 림과 최대한 밀착시킨 후 진행하여야 한다.

[그림 5.27] 휠을 턴테이블에 올려놓는다.

[그림 5.28] 비드 크림 도포

60시리즈 이하 저편평비 타이어를 장착할 때 UHP Tool 사용을 권장한다(비드 손상 방지와 빠른 작업 가능). 장·탈착용 레버를 이용한 작업은 숙련도가 미숙할 경우 장착 중 비드가 찢어지는 사고 가능성이 높다(UHP Tool 사용 시 안전사고 대비 요망).

[그림 5.29] 비드를 림에 장착

[그림 5.30] 마운팅 · 디마운팅 헤드 림과 최대한 밀착

[그림 5.31] UHP Tool 사용

2 공기압 주입 시 주의사항

① 공기압을 주입할 때는 턴테이블에 록킹 클램프^{Locking Clamp}를 풀지 말고 공기압을 주입한다.(공기 주입중 타이어 안전사고 예방)

② 밸브 코어^{Valve Core}는 분리시키고 주입해야 빠르고 강한 압력에 비드가 림 시트에 견고하게 안착된다. 일반 고무 밸브가 장착된 휠 타이어 작업 시 신품 밸브로 교체한 후 코어를 분리하지 않고 공기압을 주입하면 공기압도 늦게 주입되고 비드의 안착이 고르지 않아 휠 밸런스 측정값이 과다하게 나오는 경우가 있다. 또한 주행 중 안착되지 않은 비드가 안착되면서 진동과 소음의 원인이 되는 경우도 있다. 결론적으로 타이어 장착에서 가장 중요한 것은 림 시트와 비드의 균일한 안착이며, 가장 쉬우면서 가장 실천이 안되는 오류 중 하나이다.

[그림 5.32] 공기압 주입

3 휠 밸런스 교정 작업

❶ 타이어 장착이 완료되면 휠 밸런스 작업 전 차량
의 디스크 로터와 맞닿는 허브 페이스를 전동 브러
시 또는 쇠 브러시를 이용하여 녹과 먼지를 제거
한다. 경험으로 볼 때 타이어 장착이 완벽하다 해
도 허브 페이스가 이물질에 오염되었다면 휠 밸런
스 교정의 좋은 결과를 기대하기는 어렵다.

❷ 휠 허브 내경에 맞는 밸런스 콘을 선택한다.

주의

변형된 콘(과다 마모)은
부정확한 측정값을 만들어
낸다.

[그림 5.33] 허브 페이스 청소

그림과 같이 내경의 접촉 부위(하중 집중)에 알맞은 크기의 밸런스 콘을 선택해야 한다.

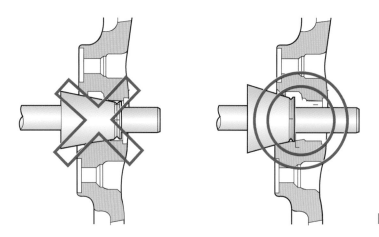

[그림 5.34] 내경에 알맞은 콘 선택

[그림 5.34] 밸런스 콘 선택

❸ 휠타이어를 밸런스 샤프트에 장착하기

휠 허브에 알맞은 밸런스 콘을 선택한 후 밸런스 샤프트에 휠타이어를 장착한다. 샤프트에 삽입된 타이어를 천천히 회전시키면서 윙 너트를 조이면 휠 허브 내경과 밸런스 콘이 균일하게 조여지면서 더욱 정밀한 밸런스 교정값을 얻을 수 있다.

휠 밸런스 콘은 내경에 설치하는 방법과 외경에 설치하는 방법으로 분류되며, 어느 것을 선택해도 작업은 가능하다. 그러나 간혹 휠 허브 내·외경이 오프셋$^{Off-Set}$(편심)된

[그림 5.34] 휠과 타이어를 샤프트에 장착

경우 콘의 설치 위치에 따라 측정과 교정값이 달라진다. 최적의 밸런스 콘 설치 방법은 휠 허브 내경에 설치하고 작업하는 것이다.

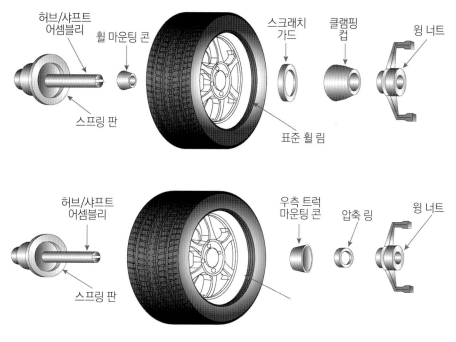

허브/샤프트 어셈블리   휠 마운팅 콘   스크래치 가드   클램핑 컵   윙 너트

스프링 판   표준 휠 림

허브/샤프트 어셈블리   우측 트럭 마운팅 콘   압축 링   윙 너트

스프링 판

[그림 5.35] 휠 밸런스 콘

4 휠의 제원 및 납 부착 방법 세팅

휠 밸런스 측정 전 휠 내측 거리, 림 폭, 림 직경을 선택하고 휠 부착 방법을 선택한
후 저장한다. 최근에 출시되는 자동차의 휠은 외관 품질을 향상시키기 위해 클립식 웨
이트 방식보다 내측에 접착식 웨이트를 부착하는 휠 디자인을 신차에 주로 적용하고 있
다. 웨이트 부착 방식을 선택했으면 내측 거리, 림 폭, 림 직경을 측정한다.

[그림 5.36] 휠 밸런스 모드

내측 거리 자를 이용하여 인너 림 플랜지를
측정한다.(내측거리 측정)

두 번째, 내측 거리 자를 이용하여 아웃터 비드 시트
부위를 측정하면 림 폭이 자동으로 측정된다.

[그림 5.36] 휠 내측 거리와 림 폭 측정

❺ 중량 불균일^{Imbalance} 측정

제원 입력까지 완료한 후 후드(안전 덮개)를 내리면 자동으로 밸런스 샤프트가 회전하면서 휠 타이어의 중량 불균일^{Imbalance}이 측정된다. 이때 회전하는 휠 타이어에 접촉되지 않도록 밸런스 주변 안전에 신경 쓰고 보안경 착용을 권장한다.(회전하는 타이어 트레드 홈에 박혀 있던 이물질에 의해 안전사고가 발생될 수 있음)

[그림 5.37] 중량 불균일 측정

❻ 밸런스 웨이트 부착

화면에 측정된 중량 불균일 양을 확인하고 인너 림에 클립식 웨이트를 사진과 같이 부착한다.(클립 웨이트 부착 시 타격에 의한 손가락 또는 손목 부상에 주의한다)

[그림 5.38] 내측 밸런스 웨이트 부착

아웃터^{Outer} 비드 시트^{Seat}를 깨끗이 닦아 낸다.(카브레터 클리너 사용 권장_오일 성분 제거 및 휘발성 우수) 접착식 웨이트를 부착할 때는 접착 테이프가 오염되지 않도록 장갑을 벗고 맨손으로 접착 테이프를 잘라낸 후 라이터 또는 정비용 히팅 건^{Heating Gun}을 사용하여 접착 면을 2~3초 가열한 후 부착한다.(주로 동절기에 사용 권장)

[그림 5.39] 외측 밸런스 웨이트 부착

내측과 외측에 밸런스 웨이트의 부착이 완료되면 후드(안전 덮개)를 내려 재측정을 한다. 사진과 같이 'OK' 화면이 나올 때까지 교정한다.

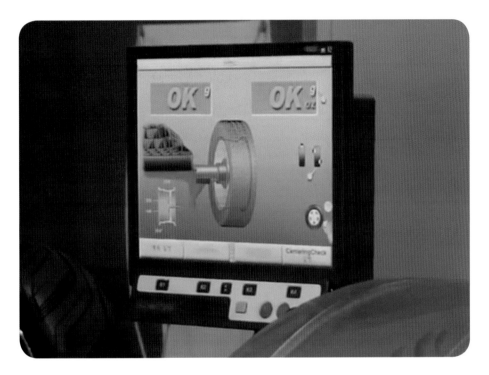

[그림 5.39] 휠 밸런스 교정 완료 화면

주의

아웃터에 부착할 접착식 웨이트는 재활용이 안되므로 인너[inner] 클립 웨이트를 먼저 부착한 후 후드(안전 덮개)를 내려 교정 값의 변화를 확인하고 아웃터에 접착식 웨이트를 부착하여 마무리하면 재작업하는 경우를 줄일 수 있다.

7 휠 타이어 장착하기

휠과 타이어의 중량 불균일이 완벽하게 교정 되었다면 이제 마지막으로 차량에 장착하는 작업만 남았다. 과연 주행 중 자동차의 진동(떨림)이 휠 밸런스 작업만으로 완벽히 해결되었다고 할 수 있을까?

이제부터 장·탈착/밸런스 작업의 화룡점정畵龍點睛, 최고의 타이어를 200% 이상 안락한 승차감과 정숙성을 만들어 내기 위한 마무리 작업 과정을 알아보도록 하자.

주행 중 자동차의 진동 원인이 휠과 타이어에만 있는 것이 아니라 회전하는 모든 부품에 있다. 특히 휠과 타이어가 차량에 부착되는 브레이크 디스크 로터는 손쉽게 예방 정비를 할 수 있는 부품 중 하나다.

다음 그림과 같이 휠 허브 페이스가 맞닿는 디스크 로터 면面에 녹, 먼지 등을 완벽히 제거한 후 휠과 타이어를 장착하면 미세한 진동도 사전에 예방할 수 있다.

지금부터 조금만 관심을 갖고 현장 작업 매뉴얼에 추가해 보자.

작은 차이가 큰 차이를 만들어 낼 것이다.

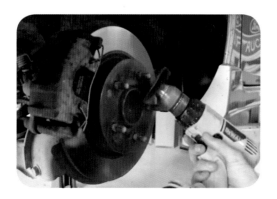

[그림 5.40] 브레이크 디스크 로터 청소 전후 비교

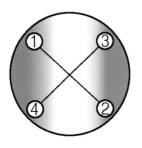 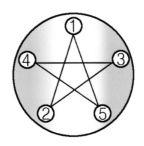 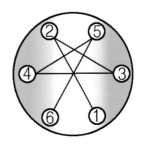

[그림 5.41] 휠 너트 · 볼트 조임 순서

[작업의 정석]

스피드 핸들로 균일하게 조이고 토크 렌치를 이용하여 마무리한다. 휠 너트 조임 토크는 차종에 따라 차이는 있으나 국산 차종의 경우 11~13kgf·m (110~130N·m) 이며, 수입차종 중 130N·m 이상인 것도 있다. 주의할 점은 에어 임팩트 렌치를 3단에 놓고 조여도 너트가 풀리는 경우가 있으므로 주의해야 한다.

정비현장에서는 작업 시간 단축 및 작업자의 편리성을 위해 대부분 임팩트 렌치를 사용하고 있지만 규정되어 있는 토크값으로 조이기 위해서는 최종 마무리 조임은 토크 렌치를 사용하는 것을 강력 권장한다.(전동 또는 에어 임팩렌치 사용 비추천)

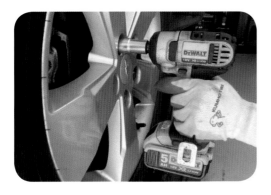 

[그림 5.42] 에어 임팩트 렌치 사용 지양   [그림 5.43] 토크 렌치 사용 권장

3 차륜 정렬의 노하우

차륜 정렬^{Alignment}의 목적은 모든 바퀴의 주행 상태를 좌우 균등하게 맞춰 자동차가 직진 주행 시 차선 이탈없이 바른 주행을 도와주고 선회 시 언더 스티어^{Under Steer}또는 오버 스티어^{Over Steer}를 예방하여 최대한 중립 선회^{Neutral Steer}를 원활하게 해주기 위함에 있다.

올바른 차륜 정렬 시 얻을 수 있는 효과는 운전자의 주행 피로감이 줄고, 타이어의 고른 마모와 노면의 마찰 저항을 최소화하여 연비를 향상시킬 수 있다. 차륜 정렬의 점검·교정 시기는 운행거리와 하체 부품의 노후 정도에 따라 다를 수 있으나 대체적으로 10,000km(6개월)에 1회 점검을 권장하며, 1년에 20,000km 정도 운행하는 운전자 기준으로 년 2회이며, 영업용의 경우 2~3개월에 1회 점검을 추천한다.

차륜 정렬^{Alignment}은 타이어 교체와 달리 수많은 실전 경험을 통해 습득된 기술력이 필요한 정비작업으로써 아무리 고가_{高價}의 수입 장비를 설치한 업소라 해도 기술자의 노하우(다양한 경험)와 매뉴얼을 준수하지 않는 작업을 진행한다면 만족할 만한 교정 결과를 얻을 수 없을 것이다.

기술자는 항상 최적의 교정 작업을 진행하기 위해 장비(얼라인먼트, 리프트)의 영점 조정^{Calibration}을 관리해야 하고 서비스를 제공 받는 고객은 매장의 청결상태가 좋고 장비 관리가 깔끔하며 영점 조정이 잘 된 곳인지 꼼꼼히 따져본 후 서비스를 요청하면 된다.

차륜 정렬 장비의 측정 프로그램에 따라 조작하는 방법은 차이가 있을 수 있으나 기본적인 진행 절차는 공통적이므로 타이어 대리점에서 주로 사용중인 H사의 얼라인먼트 장비를 기준으로 진행 절차를 설명하도록 하겠다.

1 고객 맞이하기

01 문진 과정(운행중 불편 사항 확인, 차량 사고 유무, 최근 교체한 부품은 있는지 대화를 통해 진단)

02 대화를 통해 조사된 내용을 바탕으로 시운전을 진행한다.(고객과 동승하여 증상을 공감하는 절차가 매우 중요하며, 운전자가 잘못 알고 있는 증상은 바로 잡아 준다.)

03 시운전을 마치고 고객을 대기실로 안내한 후 대략적인 작업 시간, 비용, 특이 사항 등을 안내한다.

2 차륜 정렬 측정 준비하기

01 리프트로 차량을 진입시킨다.(좌우 균등하게 리프트에 진입하는 것이 중요하다)

02 턴테이블 중앙에 앞바퀴 중심을 일치시키기 위해 턴테이블 앞에서 차량을 정차시킨 후 운전석과 동승석의 창문은 열어 두고 시동을 끄고 하차한다.

[그림 5.44] 리프트에 차량 진입

[그림 5.45] 턴테이블 앞에서 차량 정차

03 턴테이블 중앙에 타이어가 일치하지 않을 경우 그림과 같이 턴테이블을 좌우로 움직여 타이어의 중심에 일치시킨다.

04 운전석 후륜 바퀴를 손으로 밀어 턴테이블 중심까지 이동시킨다.(턴테이블 베어링 파손 방지를 위해 무동력으로 차량 이동 필수), 운전석 후륜에 앞뒤로 고임목 설치 필수

[그림 5.46] 턴테이블을 타이어 중심에 정렬

[그림 5.47] 바퀴를 턴테이블 중심에 정렬

05 차량이 리프트 위에 정상적으로 올라간 것을 확인한 후 기어는 중립(N)으로 하고 주차 브레이크는 잠금 상태로 하차한다.

06 하차 전 확인 사항

• 하차 전 계기판에 총주행거리를 확인한다.

[그림 5.48] 기어 중립 위치, 주차 브레이크 잠금

[그림 5.49] 총주행거리 확인

07 핸들이 잠기지 않도록 키 위치를 ACC 혹은 ON 위치로 조정한다. 이때 라디오나 기타 전기 장치는 끄도록 한다.(배터리 방전 방지)

[그림 5.50] 키 위치 확인

08 차량에서 하차한 후 리프트를 올린다. 작업장의 천장 높이에 따라 다르지만, 지상에서 1~1.2m 높이까지 리프트 바닥이 상승하도록 올린다.(리프트 작동 전 '리프트 상승'이라는 구령을 넣고 주변의 작업자와 고객의 안전을 살핀다)

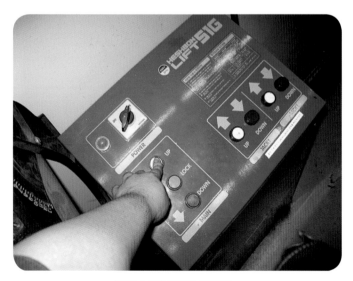

[그림 5.51] 리프트 업(UP)

09 측정 가능 높이까지 리프트를 상승시킨 후 사진과 같이 잠금(Lock)을 걸어 좌우 수
평을 맞춘다.(리프트 승강장이 한 쪽으로 편심되었을 경우 측정값 오차 발생)

[그림 5.52] 리프트 잠금 후 좌우 수평 조정

10 차량을 올려 작업 시작 전, 휠과 타이어의 상태를 확인한다. 타이어에 흠집, 스크래
치, 펑크 등이 있다면 고객에게 알려 사전 조치한 후 다음 절차를 진행해야 한다.

[그림 5.53] 타이어 상태 확인

3 차륜 정렬 작업 시작

01 차종별 적정 공기압을 주입한
다. 좌우 타이어의 공기압 차이가
10psi가 넘는 경우 측정값에 오차
가 발생할 수 있다.

[그림 5.54] 타이어 공기압 점검

노하우 팁

전후륜 유압 잭을 이용하여 차량을 리프팅한 후 전후·좌우 차륜을 흔들어 유격상태를 필히 점검할 것(하체
유격이 있는 차량은 조정 후에도 만족할 만한 교정 결과를 얻을 수 없다)

02 화면 우측 '얼라인먼트 작업 시작' 버
튼을 누른다.

[그림 5.55] 얼라인먼트 작업 시작 버튼 누름

03 '새고객 추가' 버튼을 누른다

[그림 5.56] 새 고객 추가 화면

04 차종 데이터베이스에서 해당 차종을 찾아 선택한다. 국산 차량은 대부분 문제없이 찾을 수 있을 것이며, 수입 차량이라면 차량 측면의 차량 제원 스티커나 보닛 안쪽의 후드 댐퍼 등에 차량의 타입이나 기타 정보를 찾을 수 있다.

[그림 5.57] 차종 데이터베이스에서 차종 선택

05 고객 정보를 입력한다.(성함, 차종, 주행거리, 작업자 성명, 특이사항 등)

노하우 팁

차량 번호를 정확히 입력하면 사후 고객의 정보를 찾기가 쉽다.

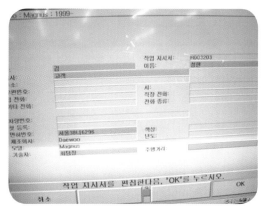

[그림 5.58] 고객의 정보 입력

06 '작업시작' 버튼을 누른다.

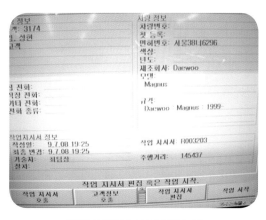

[그림 5.59] 작업시작 버튼 누름

07 해당 차량의 제원값을 확인한다.
이때 고객이 특별하게 원하는 얼
라인먼트 수치가 있을 경우 이 화
면에서 해당 값을 수정해서 얼라인
먼트 교정을 한다. 그리고 메뉴 중
에 '측정 및 조정' 버튼을 누른다.

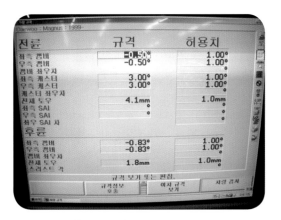

[그림 5.60] 차량 제원값 확인

08 롤링 보정 화면으로 넘어가며 화
면의 지시사항에 따라 휠 센서(타
겟)를 부착한다.

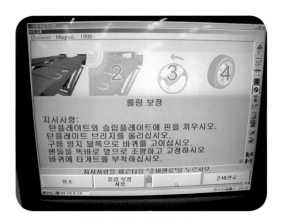

[그림 5.61] 롤링 보정 화면

09 휠 센서(타겟)를 차량에 부착한다.

[그림 5.62] 휠 센서 부착

10 휠 림 플랜지에 흠집이 나지 않도록 주의해서 휠 센서 클램프 스토퍼(발톱)를 타이어의 비드^{Bead}와 휠의 림 플랜지 사이로 삽입한다. 장착은 위쪽을 먼저 끼우고 아래쪽을 끼운다. 휠 타입에 따라 안쪽에서 바깥쪽으로 끼우는 경우도 있다. 장착한 후에 센서(타겟)의 수평 상태를 꼭 확인한다.

[그림 5.63] 휠 센서 클램프 스토퍼 장착

11 휠 센서(타겟)를 모두 장착한 후 차량의 주차 브레이크를 해제시킨다.

[그림 5.64] 주차 브레이크 해제

12 '준비 완료' 버튼을 누른다.

[그림 5.65] 준비 완료 버튼

⓭ 화면의 지시 사항에 따라 차량을
뒤로 민다.
(검은색 화살표가 바 그래프 중앙에
있는 녹색 범위에 모두 위치하면
알람이 울린다)

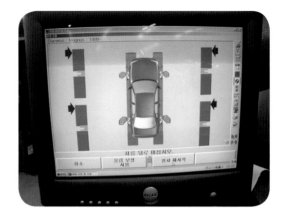

[그림 5.66] 차량을 밀어 녹색 위치에 정렬

⓮ 이때 차체나 앞바퀴가 아닌 뒷바
퀴를 앞뒤로 굴려서 차량을 이동
시켜야 한다.

[그림 5.67] 차량의 이동

⓯ 화면 지시대로 뒤쪽으로 이동시키
면 곧바로 화면이 바뀌면서 앞으
로 이동시키라고 나온다. 지시에
따라 차량을 앞으로 민다.(녹색 범
위 중앙에 맞추면 알람 울림)

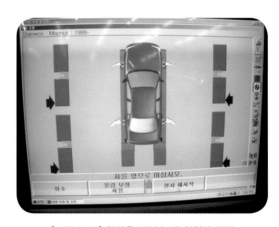

[그림 5.68] 차량을 밀어 녹색 위치에 정렬

16 화면이 다음과 같이 바뀌면 지시 대로 한다.(운전석 쪽 후륜의 앞뒤로 고임목 설치, 전·후륜 턴테이블 고정 핀 제거, 전륜 턴테이블 고정 브리지 제거)

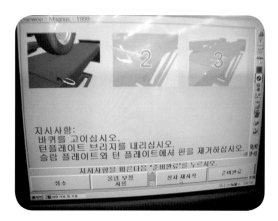

[그림 5.69] 화면의 지시사항 이행

17 전·후륜 턴테이블의 고정 핀을 제거

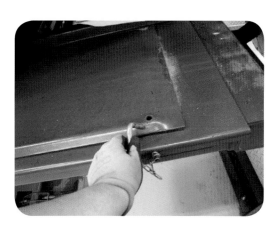

[그림 5.70] 고정 핀 제거

18 턴테이블 고정 브리지를 제거

[그림 5.71] 고정 브리지 제거

⑲ 주차 브레이크 잠그기

[그림 5.72] 주차 브레이크 잠그기

⑳ '준비 완료' 를 누른다.

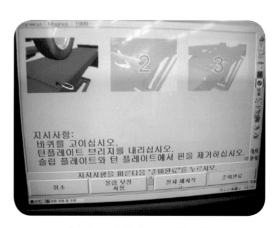

[그림 5.73] 준비 완료 버튼 누름

㉑ 캐스터 측정 단계로 자동으로 넘
어간다.

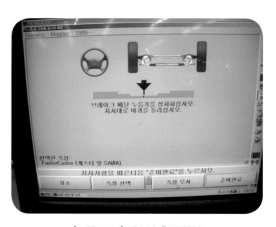

[그림 5.74] 캐스터 측정 화면

㉒ 시동을 걸고 브레이크 페달을 여러 번 밟아 브레이크 압력이 충전되도록 한다.

[그림 5.75] 엔진 시동

㉓ 디프레서로 브레이크 페달을 눌러 고정한다.(정확한 측정값을 얻기 위해 고정한다. 고정 작업 시 운전석에 착석하지 말고 설치할 것)

[그림 5.76] 브레이크 페달 고정

㉔ 엔진 시동을 끈다.

[그림 5.77] 엔진 시동을 끈다.

25 화면 지시에 따라 핸들을 좌우로
돌린다.

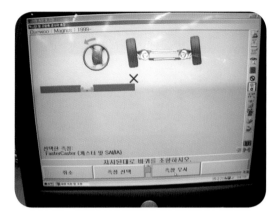

[그림 5.78] 핸들 좌우로 회전

26 이때 차량에 기대거나 누르면 안
되며, 핸들을 조작할 때도 차량의
바깥에서 열린 창을 통해 조작하
도록 한다.

[그림 5.79] 밖에서 핸들 조작

27 캐스터 측정이 끝나면 차량의 현
재 차륜 정렬 값이 화면에 표시된
다. 이 화면에서 '작업 전 측정값
저장'을 눌러 조정 전 값을 저장한
다.

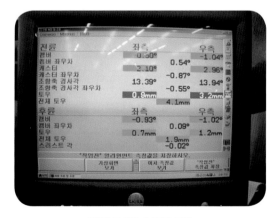

[그림 5.80] 측정값 저장

28 스티어링 휠의 수평 상태를 확인한 후 '준비 완료'를 누르면 저장된다.

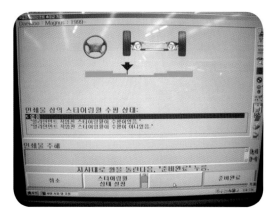

[그림 5.81] 준비 완료 버튼 누름

29 "익스프레스 얼라인으로 검사"를 선택한 후 조정 화면으로 넘어간다. 이때 권장 절차대로 작업을 해도 되지만 대부분 '측정값 보기'를 선택해서 권장 절차 과정을 빠져 나온다.

30 '측정값 보기'를 누른 후 차량의 얼라인먼트 수치를 조정한다. 조정 부위를 모를 경우 해당 축 바그래프 좌측 하단에 스패너 아이콘을 누르고 '조정도해'를 선택하면 조정부위에 대한 설명을 볼 수 있다. 물론, 안나오는 차종도 있다.(조정 순서는 후륜 캠버–후륜 토우, 전륜 캠버, 전륜 캐스터, 전륜 토우의 순서이며, 전륜 토우 전단계 까지 조정을 진행한다.

[그림 5.82] 권장 절차 화면

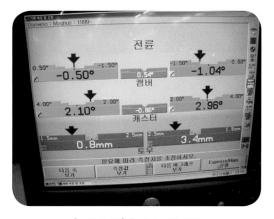

[그림 5.83] 측정값 보기 화면

31 전후 캠버, 캐스터 조정을 마쳤으면 전륜을 선택한 화면에서 '추가 조정'을 선택한다.

[그림 5.84] 전륜 선택화면

32 WinToe를 이용해서 토우 조정을 선택한 후 'OK' 버튼을 누른다.

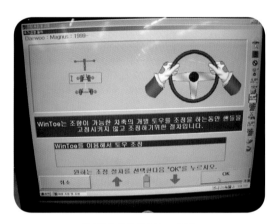

[그림 5.85] WinToe 화면

33 화면 지시대로 시동을 걸고 핸들을 좌우로 돌리면서 수평을 맞춘다.(운전석에 앉아 절차 진행)

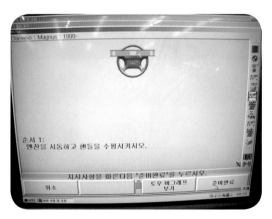

[그림 5.86] 핸들 수평으로 조정

34 핸들 수평자(권장)를 장착하고, 핸들을 좌우로 조금씩 흔들면서 중심을 잡는다.(중심이 맞으면 시동을 끄고 차에서 내려온다.)

[그림 5.87] 핸들 수평자 장착

35 '준비 완료' 버튼을 누른 후 우측 타이로드부터 조정한다.(규정값에 수치 조정 후 타이로드 엔드의 너트를 잠그기 전 차축을 상하로 흔드는 작업을 필히 진행할 것)

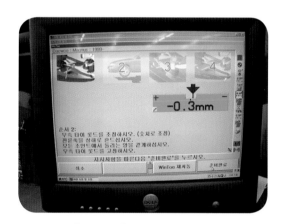

[그림 5.88] 우측 타이로드 조정

36 좌우 타이로드를 모두 조정한 후에 다시 차량에 탑승, 시동을 건 후 핸들을 좌우로 돌리면서 화면의 화살표를 녹색 바그래프의 중심부로 조정한다. 중심이 맞은 상태에서 핸들의 센터가 정확히 조정되었는지 확인해 보고 맞았다면 조정이 끝난 것이고, 틀리다면 다시 WinToe 과정을 진행한다.

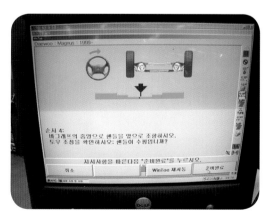

[그림 5.89] 핸들 조정 화면

37 작업이 끝난 후 오른쪽 툴바에 위치한 아이콘 중에 제일 하단에 있는 저장 아이콘을 선택해서 작업 지시서를 저장한다.

[그림 5.90] 작업 지시서 저장

38 '작업 지시서 일자'를 선택하여 작업 지시서를 호출한다.

[그림 5.91] 작업 지시서 호출

39 마지막에 있는 것이 방금 작업한 차량의 데이터이다. 이것을 선택한다.

[그림 5.92] 데이터 호출

40 '측정 및 조정'을 선택하고 인쇄를
선택한다.

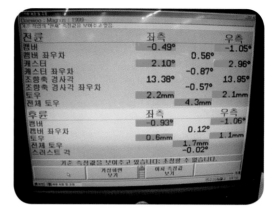

[그림 5.93] 인쇄 선택

41 '이전 및 현재 차량 인쇄'를 선택해서
인쇄물을 출력한다.

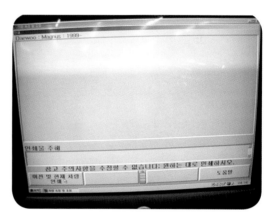

[그림 5.94] 데이터 인쇄

4 조정 결과 설명 및 마무리

01 작업이 마무리 되면 고객에게 가상화면 상태에서 조정 전 상태와 조정 후 상태를 비교 설명하고 부품 교체 및 정비 필요 사항에 대해 추가 설명을 진행한다.(차륜정렬 작업은 측정 및 교정 단계도 중요하지만 조정 후 고객에게 작업 내역을 충분히 설명하고 이해와 공감대를 형성하는 것이 매우 중요하다.)

02 차륜 정렬의 인쇄물을 고객에게 제공하고 이력을 관리할 수 있도록 안내한다.

03 휠 센서(타겟)를 탈착한다. 탈착 과정에서 휠에 흠집이 더 쉽게 나기 때문에 더욱 더 조심을 하여야 한다.

- 리프트를 내리고, 디프레셔와 핸들 수평자를 떼어낸다.
- 차량을 리프트 밖으로 이동시킨 후 출차하기 쉬운 방향으로 차량을 이동 주차한다.
- 필요 시 시운전을 통해 조정 결과를 검증하고 재작업 진행을 결정한다.(고객과 동승하여 주행하면서 조정 결과 및 만족도를 체크한다.)

[그림 5.95] 조정 전과 조정 후의 비교 설명

[그림 5.96] 고객에 인쇄물 제공

[그림 5.97] 휠 센서 탈착

4 타이어 원부재료

타이어를 구성하는 원부재료는 첫째 원료 고무(천연·합성), 둘째 배합 약품, 셋째 코드[Cord], 넷째, 비드 와이어로 크게 구분할 수 있으며, 각각의 중요 내용에 대해 알아보도록 하자.

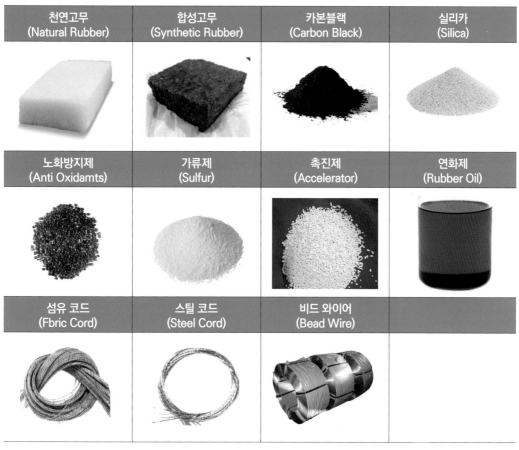

[그림 5.98] 원부 재료

1 원료 고무 Rubber

상온에서 고무 탄성을 나타내는 사슬 모양의 고분자 물질이나 그 원료가 되는 고분자 물질로 크게 천연 고무와 합성 고무가 있다. 아라비아 고무, 트래거캔스 고무 Tragacanth Gum 등 수용성인 점성 고무도 고무라고 하지만 이것은 특별한 경우이고 보통 탄성을 가진 것만을 고무라고 한다.

고무에는 고무나무 수액에서 얻은 천연 고무와 석유화학에서 합성되는 합성 고무가 있다. 천연 고무는 주로 파라 고무나무의 수액에서 얻으며, 처음에는 남아메리카 아마존 강 유역에서만 야생하였다. 유럽으로 전해진 것은 18세기 후반으로 1770년대 영국에서 고무지우개가 개발되었으며, 이것에 문지른다는 뜻인 러버 Rubber 라는 이름이 붙게 되었다.

1875년 영국은 원산지로부터 묘목을 수입하여 인도 식물원에 심었으나 실패하고, 이듬해 다시 7만개의 종자를 수집하여 본국의 큐 왕립식물원에서 파종시켜 발아된 것을 실론 섬으로 보내어 22그루가 활착하였다.

[그림 5.99] 고무나무

이것이 고무나무를 재배한 시초이며, 1877년 싱가포르, 1879년 인도네시아, 1886년 오스트레일리아에서 재배가 시작되었다. 그 후 열대 각지에서 재배되었으나 경제의 변동과 병충해의 발생 등으로 남아메리카에서 재배는 실패로 끝나고, 현재는 전세계 산출량의 95% 이상을 말레이시아 및 인도네시아가 차지하고 있다.

고무의 이용법은 고무지우개 후에도 계속 연구되었으며, 1839년 C.굿이어가 고무는 황과 반응하여 뛰어난 탄성을 보이며, 내약품성, 내열성이 있는 제품이 될 수 있다는 사실을 발견하여 이용 범위가 넓어졌다. 1888년 J.B.던롭이 공기 타이어를 발명하여 오늘날과 같은 고무 공업이 확립되기 시작하였다. 한편, 고무의 화학적 연구도 진행되어, 1962년 고무를 열분해하여 아이소프렌^{Isoprene}을 분리하였고 이어 고무의 주성분이 아이소프렌^{Isoprene}의 중합체임을 알게 되었다.

1) 천연 고무 $^{Natural\ Rubber}$

고무^{Hevea}나무에서 얻어진 라텍스^{Latex}(액체)를 취급이 용이하도록 응고시킨 것이다. 많은 천연 고무는 파라고무나무 수액을 처리하여 얻는다. 천연고무 결합 특성을 분석한 결과 이소프렌이 시스^{Cis} 결합으로 이루어져 있다는 사실을 알아냈다. 또한 시스결합을 한 고무의 탄성이 트랜스 결합을 한 고무의 탄성보다 크다는 것이 밝혀졌다.

자연에서 얻는 고무 중에는 이소프렌이 모두 트랜스 결합으로 이루어진 고무도 있으며, 이것을 구타페르카$^{gutta-percha}$라고 부른다. 구타페르카는 파라 고무나무와는 다른 종류의 고무나무로부터 얻을 수 있다. 구타페르카는 탄성이 약하지만 전기 절연 효과가 커서 바다에 잠기는 전선의 피막용으로 이용되기도 하고, 기계적 강도 또한 좋아서 한 때는 골프공에 사용되기도 했었다. 시스 결합 고분자와 트랜스 결합 고분자가 뒤섞여 있는 자연산 고무도 있다.

천연고무는 여름에 끈적끈적하게 녹아나고 심지어 고약한 냄새까지 발생되며, 겨울에는 딱딱해지거나 잘 부스러지기 때문에 널리 쓰일 수 없었다. 이 문제를 해결한 사람이 바로 미국의 찰스 굿이어였다. 그는 39년 동안의 연구 끝에 1839년 천연고무에 황을 첨가해 가열하는 방법을 개발함으로써 드디어 천연고무의 결점을 해결하였다.

천연고무의 원료가 되는 파라 고무나무의 수액을 남미의 원주민들은 '나무의 눈물'이라고 불렀다고 한다. 그래서였을까? 미치광이 소리까지 들어가면서 연구에만 매달렸던 그에게 돌아온 대가는 불행히도 전혀 없었다. 그는 특허 분쟁에 끊임없이 휘말려야 했고, 세상을 떠날 때 남은 것이라고는 20만 달러의 빚뿐이었다고 한다.

한편 2차 세계대전 기간 중 천연 고무의 주산지인 동남 아시아 지역을 일본이 점령하자 미국은 합성 섬유의 개발에 심혈을 기울이게 되었고, 그 결과 석유 원료로부터 고무를 만들어 내는 데 성공했다. 그러나 합성고무의 눈부신 성공에도 불구하고 천연고무는 지금도 계속해서 쓰이고 있다.

가황 처리된 천연고무는 내열성이 뛰어나 경주용 자동차, 트럭, 버스 및 항공기용 타이어의 제조에 매우 적합하기 때문이다. 우리나라에서 고무는 고무신의 재료로 널리 대중적 인기를 얻었다. 한때 하얀 여성용 고무신과 검정 남성용 고무신은 선거 때 표 한 장의 대가로 이용돼 혼탁 선거의 상징으로 여겨지기도 했다. 우리나라에 고무가 제품으로 처음 들어온 시기는 서양 문물이 막 들어오기 시작한 1880년 끝 무렵으로 추정된다.

[천연 고무의 경화 현상]

천연고무는 저장중에 경화 되는데 이러한 속도와 양은 고무의 가소성$^{Initial\ Plasticity}$ 및 주위 상대습도에 의존하며 70℃ 이상의 고온에서는 훨씬 더 커지게 된다. 이러한 현상은 결빙^{Freezing}이나 결정질^{Crystalline}과 같은 가역적인 원인 때문이 아니고 고무가 결합$^{Cross-link}$되어 젤^{Gel}화가 진행됨으로써 발생되는 것이며 습도나 온도를 낮추어 산소의 영향을 적게 받도록 하는 것이 필요하다.

2) 합성 고무 ^{Synthetic Rubber}

천연고무와 유사한 성상을 지닌 합성고무상 물질 또는 고무상 탄성체가 될 수 있는 가소성 물질이다. 1차 세계대전 중 독일은 연합군에 의해 해상 봉쇄되었는데, 천연고무의 90% 이상이 동남아시아에서 생산되기 때문에 고무자원이 부족하게 되었다. 이에 1914년 다이메틸뷰타다이엔을 원료로 한 메틸고무를 제조하였다. 그러나 이 합성고무는 성능이 좋지 않았으며 전후에 새로이 뷰타다이엔을 원료로 하는 고무가 연구되었는데, 특히 뷰타다이엔과 스타이렌 및 뷰타다이엔과 아크릴로나이트릴의 혼성중합체가 각각 부나S 부나N이라는 이름으로 제조되기 시작하였다.

한편, 미국에서는 W.H. 캘러더스가 클로로프렌을 원료로 하는 합성고무를 발명하여 1932년 듀프렌이라는 이름으로 기업화하였고, 같은 해에 이염화에틸렌과 다황화나트륨으로 싸이오콜고무도 제조되었다.

2차 세계대전 중에는 캐나다가 미국의 협력으로 스타이렌고무, 뷰틸고무의 제조를 시작했고, 소련에서도 알코올에서 얻은 뷰타다이엔을 원료로 하는 합성고무를 제조하였다. 이와 같이 1, 2차 세계대전 때의 천연고무의 입수 난에다 20세기 초부터 자동차공

[표 5.3] 천연 고무와 합성 고무의 장단점

구분	천연 고무	합성 고무
장점	• 합성 고무에 비해 탄성이 크다 • 이력 현상(Hysteresis)이 적다 • 발열 특성이 우수	• 이물질 혼입이 없어 품질이 균일 • 가류 속도가 늦다 • 내노화성, 내열성, 내마모성, 내유성 우수 • 재생고무와 혼용성이 좋음 • 가격 변동이 적어 경제적이고 안정적
단점	• 합성 고무에 비해 가류속도 빠름 • 부틸(Butyl) 고무와 상용성이 없다 • 내열성, 내공기 투과성이 나쁨 • 합성 고무에 비해 내유성이 나쁨	• 보강성 충진제 다량 사용 요구 • 촉진제 사용량 증가 및 촉진제 타입(Type) 고려 • 점착성이 적어 점착제 사용 필요 • 신축성이 적어 압축작업 시 곤란 • 탄성이 적어 동적 발열이 크다

주) Hysteresis(이력 현상): 시료를 일정 크기로 변형한 후 다시 원상 복귀시켰을 때 미회복 에너지량

업의 급속한 발전에 따른 타이어의 수요증대가 겹쳐서 합성고무공업은 몇몇 나라에서 획기적인 발전을 하였다.

그리고 2차 세계대전 후 선진국에서는 천연고무만으로 고무의 전 수요를 감당할 수 없는 상태가 되고, 또 석유화학공업의 발달과 함께 값싼 원료를 다량으로 확보할 수 있게 되어 오늘날과 같은 합성고무공업의 융성을 보기에 이르렀다.

합성고무는 고무제품을 만드는 데 사용되므로 가황 고무제품으로서의 성질, 즉 탄성, 내한성, 내노화성, 내열성, 내산화성, 내오존성, 내유성, 내약품성 등이 요구된다. 가공법은 대부분의 경우 천연고무와 같으며, 롤에 의해서 짓이겨서 분자량을 조절하여 가소성, 점착성을 높이고, 여기에 카본블랙 등의 보강제, 아연화(산화아연), 가황제인 황, 가황 촉진제 등을 혼합하여 다시 짓이긴다. 이것을 형에 넣고 가열하여 가황 제품을 만든다.

2 배합 약품^{Chemical Additives}

1) 보강제^{Reinforcing Filler}

고무에 배합하며 경도, 인장강도, 인열 저항^{Tear Resistance} 및 내마모성 등의 성질을 높여 주는 재료를 말한다.

① 보강 효과

- 경도, 모듈러스^{Modulus}, 인장강도 및 인열 저항이 커진다.
- 내마모성이 커진다.
- 이력현상^{Hysteresis}이 커진다.
- 반발탄성이 작아진다.

② 보강제의 종류

- 카본 블랙^{Carbon Black}
- 규산염^{Silicate}

- 클래이(Clay, 점토) 등의 논블랙^{Nonblack} 충진제 중 입자가 작은 물질

③ 카본 블랙의 특성

- **표면적(㎡/g)**: 카본 블랙의 표면적은 가장 중요한 특성의 하나로써 입자가 작을수록 표면적은 크다. 일반적으로 표면적이 클수록 고무와의 보강성이 크다.
- **구조**: 카본 블랙 입자간의 결합 정도 또는 결합 상태를 말하는 것으로써 고무 배합물의 압출 특성이나 전기 전도도, 탄성계수, 내마모성 등 그 밖의 특성에 큰 영향을 준다.
- **TINT 강도**: 집합체당 카본의 수는 보강성에 관련된 중요한 특성이다.

2) 충진제^{Filler}

고무 제품의 용적 증량, 원가 절감 및 가공을 용이하게 하고 물성을 용도에 맞게 개선하는데 사용한다. 고무에 대한 보강 효과에 큰 기대는 되지 않으나 제품의 단가를 낮추는데 유리하다.

① 충진제 요구 성질

- 비중이 낮아야 한다.
- 배합 시 분상(분말 상태)이 용이해야 한다.
- 충진에 의해 가공성을 손상시켜서는 안된다.
- 물리적 변화가 적어야 한다.
- 내수성, 내약품성, 내열성, 내일광성을 방해하지 않아야 한다.
- 요구되는 물성을 갖추어야 한다.
- 대량으로 충진이 가능하고 가격이 저렴해야 한다.

② 충진제 종류

- 무기 충진제: 탄산칼슘($CaCO_3$), 점토(Clay), 수산화칼슘($Ca(OH)_2$), 활석(Talc), 실리카(Silica, SiO_2)
- 유기 충진제: 재생 고무, 분말 고무

3) 연화제^{Rubber Oil}

고점도 고무를 충진제로 보강하면 경화되기 때문에 배합 고무에 유연성, 가공성을 개선할 목적으로 고무 분자간의 윤활제로 작용시켜 고무 구조의 친화 현상을 촉진시킨다.

① 연화제 사용 장점

- 분말 배합제의 용해성을 좋게 하고 배합을 용이하게 하여 분상^{粉狀}을 돕는다.
- 배합 시 온도 상승 방지, 소비 전력량 감소
- 고무 가소성이 증가하여 작업 효율 향상
- 배합 롤^{Roll}이나 캘린더 롤^{Calender Roll} 표면에 접착 방지
- 제품의 품질 개선, 원가 절감

[표 5.4] 연화제 종류 및 특성

대구분	소구분	특성
광물 유체	• Paraffinic Oil • Naphthenic Oil • Aromatic Oil • Mineral Oil	• 사용성 우수 • 가공성 개선 • 가류에 영향을 미친다.
천연수지와 유도체	• Coal Tar	• Coal Tar는 고무에 점착성을 주고 산성이므로 가류를 지연하며, 미가류 고무의 가류 현상(Scorch)을 방지한다.

② 연화제의 필요조건

- 고무와 상용성이 좋고 블루밍(Blooming, 고무 표면에 꽃 모양의 무늬 발생 현상, 유백화)이 없을 것
- 연화제 첨가 후 적당한 가공성을 가져야 하고 가공성이 좋을 것
- 고무 충진제와 잘 친화되고 충진제의 분산성을 향상시킬 것
- 가류 후 물성에 나쁜 영향을 미치지 않을 것

4) 착해제

천연 고무를 소련(素練, 내림, Mastication)할 때 소량 첨가하면 가소성을 부여하여 균일한 분산 및 점도를 갖도록 조절하기 위해 사용되는 유기 화합물이다.

① 착해제 사용 시 장단점

착해제를 사용하면 균일한 고무 배합물과 배합 공정의 효율성 즉, 전력비 절감, 시간단축 등의 이점은 있으나 다량 사용 시 물성 및 가공성에 영향을 미치므로 주의해야 한다.

② 착해제 종류

- Renacit 4(Pentachlorothiophenol과 그 유도체)
- Pepton-SK(Di – Bengamido – Diphenyl Disulfide)
- A86(Complex Iron Compounds) 등이 있다.

③ 착해제 특성

NR(Natural Rubber), SBR(Synthetic Butadiene Rubber), BR(Butadiene Rubber), IR(Isoprene Rubber)의 착해제이며, 무독 무취, 비오염성 가류물의 물성, 내노화성에 영향을 미치지 않는다.

- **착해제(Peptizer)**: 천연 고무의 소련 시에 소량 0.1~0.3phr(parts per hundred rubber)을 첨가하면 가소성을 부여하여 균일한 분산 및 점도를 갖도록 하는 유기 화합물이다.
- **소련(素練, 내림, Mastication)**: 생고무를 기계에서 이기는 조작. 생고무의 탄성을 낮추고 가소성과 가공성을 좋게 한다.

5) 점착 부여제^{Resin}

배합물 표면의 점착성을 증대시켜주는 약품으로 고무재료와 상용성이 좋아야 하고 점착성이 장시간 유지되어야 한다. 주로 합성고무에 사용한다.

① 점착 부여제 종류

- 구마론-인덴 수지^{Coumarone-Indene Resins} : SBR, NBR, CR, EPDM의 점착부여제, 무독성, 내산-내알칼리성, 내수성, 전기절연이 우수
- 테르펜-페놀수지^{Terpene-Phenoic Resin} : SBR, NBR, CR, IIR의 점착부여제. 가황체의

인장강도, 신장율, 인열강도가 향상된.

- 폴리부텐^{Poly butene} : NR, SBR, IIR의 점착부여제, 가공성 개량, 분상향상, 내습성, 전기절연성이 우수하다.
- 수소첨가 로진에스테르^{Hydrogenated ester Resin} : NR, SBR, CR, 재생고무, 라텍스의 점착부여제

6) 노화 방지제^{Anti Oxidants}

고무 및 고무 제품은 적재 및 사용도중 고무의 성질이 변화하고 인장강도 및 신장의 저하, 경화 또는 연화되며 굴곡 저항이 저하되고 압축 영구 신율이 증대되어 표면에 점성 또는 균열이 발생되는 등 물성의 변화가 일어난다. 이러한 현상을 노화라 하며, 이것을 억제하기 위해 첨가되는 배합제가 노화 방지제이다.

① 노화 인자

- 외적 인자: 공기 중의 산소, 수분, 산화물, 열, 빛, 오존^{Ozone}, 가스^{Gas}류, 구리, 망간산화물, 미생물, 방사선 및 반복 변형 등이 있다.
- 내적 인자: 고무의 종류, 가류 방법 및 가류 정도, 가류제의 종류와 양, 가류 촉진제의 종류, 배합제의 종류와 양, 가공방법 등의 인자가 있다.

② 노화 방지제의 필요조건

- 고무와 상용성이 좋고 표면에 블루밍^{Blooming}(유백화) 이 일어나지 않을 것
- 고무의 가공 온도에서 분해가 일어나지 않고 휘발되지 않을 것
- 분자가 크고 장시간 고무 중에 남아 효과의 지속성이 있을 것
- 동, 망간 등 중금속은 고무의 산화를 촉진하므로 첨가제 중 중금속이나 고무제품이 접촉하는 중금속의 작용을 억제할 것(예: 전선 피복)

③ 노화 방지제의 효과에 의한 분류

- 산화 및 열 노화 방지제
- 굴곡 노화 방지제
- 오존^{Ozone} 균열 방지제
- 일광 균열 방지제

블루밍(Blooming, 유백화): 고무 표면에 꽃 모양의 무늬가 발생하는 현상

7) 가류제^{Sulfur}

가류란 고무에 유황을 첨가하여 가열하면 온도의 변화에 따라 소성의 변화가 감소되고 인장강도, 기계적 강도가 증대되는 제품으로 변한다. 이 작업을 가류라고 하며 생고무를 이런 상태로 변화시킬 때 쓰는 약품을 가류제加硫制라고 한다.

① 유황(Sulfur): 황색 또는 담황색의 분말이며, 배합 후 고무 중에 비결합 황이 다량 있을 경우 고무 표면에 블루밍이 생겨 고무 제품의 외관, 내노화성이 나빠지며, 블루밍이 심하면 점착 불량의 원인이 되기도 한다.

② M60S: 황의 결정 상태에 따라 여러 가지로 분류되나 그 중 불용성 유황은 무정형으로써 황의 융해물을 급냉시켜 제조한다. 보통 황은 블루밍을 일으키지만 불용성 황은 100~120℃에서 보통 황으로 변화되므로 100℃ 이전에 작업을 하면 블루밍을 방지할 수 있다.

③ 80% Oiled Crystex: 80% 불용성이 유황이고 20%가 오일 확장으로 되어 있으므로 비산이 되지 않는 장점이 있으나 가격이 비싸 많은 곳에 적용되지 못한다.

④ 수지 가류: 일반적으로 내열성이 좋은 부틸^{Butyl} 고무가 가류에 이용되며 장점으로는 내열성이 우수하고 내오존성 우수하며, 오염성이 없다.

8) 촉진제^{Accelerator}

가류 촉진제는 가류 시간을 단축시키고 가류 온도를 낮춰 경제적 가류가 가능하도록 하며, 유황 사용을 줄여서 노화 현상을 방지하기 위해 사용한다. 블루밍(유백화) 감소와 외관의 품질 향상에도 도움이 된다.

3 타이어 코드^{Cord}

타이어 코드는 고무재료 중 일정 방향으로 배열되어 코드의 망상 구조 형태를 갖춘 복합 구조체이다. 코드는 철근이 콘크리트^{Concrete}를 보강하는 것과 같이 고무를 보강한다. 그러나 타이어 코드는 피로 특성을 고려해야 한다는 것이 독특하다. 타이어 코드는 형상과 제원의 안정성, 내장성(외부 노출 방지), 하중 운반 능력을 고려해야 한다.

4 비드 와이어^{Bead Wire}

비드부는 타이어와 림을 고정시켜주며, 내압에 의해 대단히 큰 인장^{Tension}응력을 받는다. 그러므로 타이어 비드부는 적당한 굴곡성, 굽힘 강도, 내구성, 항복점, 절단신율 등에 강해야 한다.

[표 5.5] 타이어 코드 종류 및 장단점

종류	장점	단점
레이온 코드 Rayon Cord(1930~) (인조 면섬유)	• 인장율이 낮다. • 제원 안정성이 우수하다. • 플랫 스폿(Flat Spot) 현상 　극히 적다.	• 강도의 피로성이 불량하다. • 수분에 의해 강도가 저하된다. • 제조 시 폐액의 공해 문제
나일론 코드 Nylon Cord(1970~) (Polyamide 6, Polyamide 66)	• 피로 수명이 우수하다. • 수분 침투 시 장력 저하와 　부식성이 적다. • 강력 이용율이 높다.	• 기온에 따른 플랫 스폿(Flat 　Spot) 현상이 발생한다. • 제원의 안정성이 불량하다.
폴리에스터 코드 Polyester Cord(1980~) (Polyethylene 　terephthalate)	• 인장률이 낮아 변형이 적다. • 주행중 발열이 적다. • 내열성이 우수하다. • 플랫 스폿(Flat Spot) 현상이 적다. • 제원 안정성이 양호하다.	특이 사항 없음.
아라미드 코드 Aramid Cord(2000~)	• 내마찰성과 탄력성 및 　내마모성이 우수하다. • 마찰계수가 낮고, 내열성 및 　높은 충격 강도가 우수하다. • 레이싱 타이어에 사용	• 역거동성(주위의 온도 상승에 　이어서 팽창하는 물질의 일반적 　속성과 반대로 온도가 올라가면 　수축하는 성질)
스틸코드 Steel Cord	• 내열 강도 및 전기 전도성이 우수하다. • 제원의 안정성이 양호하다. • 내충격성 및 조향성이 양호하다. • 트레드(Tread) 고무의 마모성 　양호로 수명이 향상된다. • 주행 시 연비가 개선된다. • 저발열 고속주행이 가능하고 　고강도를 보유한다.	• 유기 섬유보다 무겁다. • 제조 공정이 어렵다. • 내피로성이 불량하다. • 타이어 공기압의 관리가 　민감하다. • 부식이 쉽고 가격이 비싸다.

용어정리

• **플랫 스폿(Flat Spot)** : 주행 후에 타이어의 내부 온도가 올라간 상태에서 장시간 주차를 하는 경우
　차량 중량에 의해 타이어의 변형된 상태를 유지하므로써 생기는 현상이다.
　플랫 스폿(Flat Spot) 상태에서 주행을 하면 장시간 눌려 있던 트레드 변형 부위로 인해 진동이 발생된다.
　조치 방법으로는 일정 시간 주행 후 내부 공기압이 팽창하면 진동이 감소하기도 하고 공기압을 좀 더
　주입하면 증상을 완화할 수 있다.

5 제조공정의 이해(제조/검사)

타이어 제조 과정은 크게 제조 공정과 검사 공정으로 나뉜다. 제조 공정은 세부적으로 네 단계로 구분할 수 있다. 각각의 단계에는 정련, 압연·압출·비드·재단, 성형, 그리고 가류 과정이 해당된다. 검사 공정은 제조 공정 이후의 품질 검사를 뜻하는데, 이 역시 세 가지로 구분할 수 있다. 외관·성능, 완제품 정규 시험·출하 검사 그리고 기타 검사가 있다.

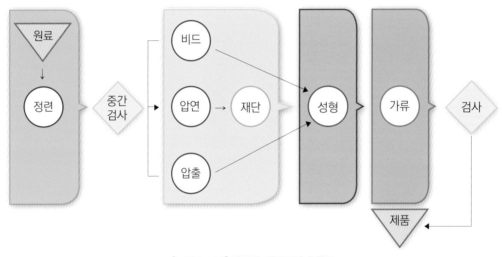

[그림 5.100] 타이어 제조공정 흐름도

1) 정련

정련이란 타이어의 원재료에 해당하는 모든 구성물을 혼합해 타이어용 고무로 가공하는 일이다. 타이어에 필요한 특성을 부여하기 때문에 제품의 품질에 대한 영향도가 가장 높은 공정이다. 타이어 용도와 사용 부위에 따라 요구되는 특성이 다르다. 따라서 재료의 종류와 투입 비율로 고무별 요구 특성을 만들어 내는 것이다.

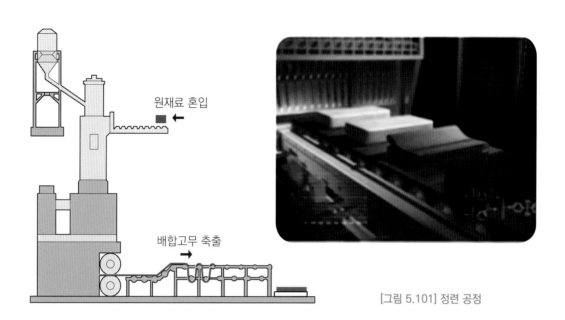

원재료 혼입

배합고무 축출

[그림 5.101] 정련 공정

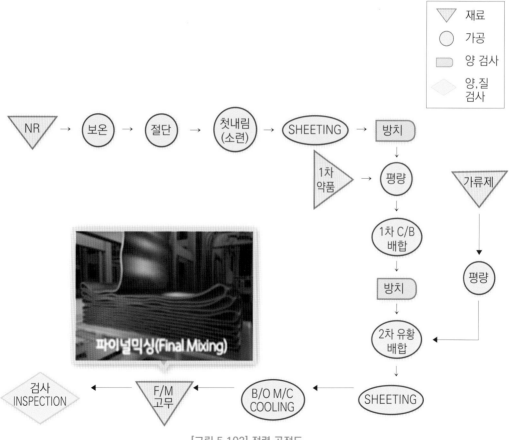

▽ 재료
○ 가공
▭ 양 검사
◇ 양,질 검사

NR → 보온 → 절단 → 첫내림 (소련) → SHEETING → 방치

1차 약품 → 평량

가류제

1차 C/B 배합

방치

평량

2차 유황 배합

파이널믹싱(Final Mixing)

검사 INSPECTION ← F/M 고무 ← B/O M/C COOLING ← SHEETING

[그림 5.102] 정련 공정도

반바리 믹서$^{Banbury\ Mixer}$는 정련 공정 설비 중 하나이다. 밀폐된 용기 내에서 일정하게 주어진 재료를 일정한 혼합 시간과 온도에 맞게 배합하는 기계이다. 서로 회전속도가 같거나 다른 스크루 모양의 로터가 냉각 기능을 지닌 원통형 챔버^{Chamber} 내에서 회전하며, 로터와 챔버 간에 전단력$^{Shear\ Stress}$을 유발하여 재료를 파쇄 및 혼합하는 설비이다.

반바리 믹서Banbury Mixer의 장점은 균일한 배합 제품이 얻어진다는 것이다. 또한 배합 시 온도를 연속적으로 측정할 수 있고 자동기록도 가능하다. 재료의 투입과 배합의 제반 과정을 컴퓨터를 이용한 자동 배합 시스템으로 구성할 수도 있다. 또한 자동 약품 설비 적용이 용이하며, 다른 고무 가공 부대설비와 호환성이 좋아 대량 생산에 용이하다.

반바리 믹서로 고무를 배합하는 정련 작업을 할 때에는 점검, 평량, 배합 및 평량과 시팅, 냉각 및 건조, 적재 그리고 식별의 여섯 가지 주요 흐름에 따라 진행된다.

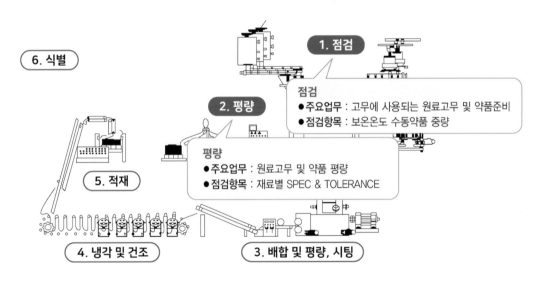

[그림 5.103] 정련 공정의 고무 배합 흐름도

평량이란 각종의 고무가 요구하는 특성을 부여하기 위하여 원부 재료를 고무 배합 사양에 따라 중량을 맞추는 작업이다. 균일한 물성 및 제품을 생산하기 위해서 원재료의 정확한 평량이 매우 중요하다.

소련 작업素煉作業은 첫 내림 매스티케이션^{Mastication}이라고도 하는데, 고무에 전단력^{Shear} ^{Stress}을 주고 가온하여 탄성 원료 고무가 점차 연화되면서 균일한 가소화^{Plasticizing} 상태로 변화시키는 작업이다. 원료 고무의 분자 사슬을 절단하여 충분한 가소성을 주어 배합제 의 혼합을 쉽게 하여 가공성에 필요한 성질을 부여하는 공정이다.

배합 작업은 각종 고무에 배합 원료를 투입하여 반바리 또는 밀^{Mill}을 이용하여 균일하 게 분산시켜 요구하는 고무의 특성을 부여해주는 작업이다.

시팅 작업^{Sheeting}이란 소련, 카본 배합, 리밀링^{Remilling}, 파이널 믹싱$^{Final\ Mixing}$ 작업이 완 료된 고무에 밀을 이용하여 냉각하고 사용이 편리하도록 가공하는 작업이다.

디핑^{Dipping}, 쿨링^{Cooling} 적재 작업은 시팅^{Sheeting} 된 고무를 물성 변화 방지 및 서로 붙지 않도록 이형제를 도포한 후 BOMC$^{Batch\ Off\ Machine}$로 이송하여 냉각, 건조시켜 적재 다이 에 고무 적재장치$^{Packer\ Stacker}$를 이용하여 적재하는 작업이다.

방치 작업은 배합 공정을 거치는 동안 배합 고무는 기계적인 에너지와 열에 의해 심히 불안정한 분자 상태를 유지하고 있으므로 다음 공정의 가공을 위해 그 분자 구조를 안 전 상태로 유지시키기 위한 분자 숙성 작업이다.

2) 압연

압연이란 회전하는 두 쌍의 롤러 사이에 스틸 코드나 패브릭 코드를 통과시켜 코드 상하면에 고무 필름을 부착시키는 작업이다. 균일한 두께와 적정한 압력과 코드 간 인 장력, 압연 균일성, 작업 속도 및 온도, 압연 후 외관 품질 유지가 중요하다.

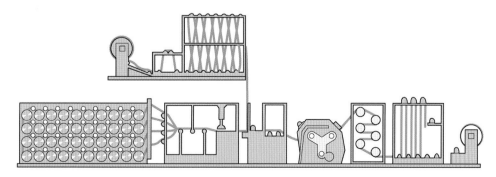

[그림 5.104] 압연

캡 플라이나 벨트, 바디 플라이에는 고무 층 사이에 스틸이나 패브릭 코드가 촘촘하게 정렬되어 있는데, 이러한 코드들의 위치나 개수, 각도에 따라 타이어는 전혀 다른 기능을 발휘한다. 따라서 고무의 물성만으로는 부족한 타이어의 기초 구조 유지와 하중지지 성능을 폴리에스터 코드$^{Polyester\ Cord}$, 나이론 코드$^{Nylon\ Cord}$와의 결합을 통해 성능을 보완하고 향상시킬 수 있는 반제품을 생산하는 공정이다.

[그림 5.105] 압연 롤러 Cap Ply 제작

압연 과정에서 주요 관리는 연속 작업 조건 스펙^{Spec}에서 요구하는 적정 치수^{Dimension}를 유지하는 것이다. 코드지의 균일한 인장 유지를 위해서 코드지가 각 구간 이동 시 일정한 폭이 유지되어야 한다. 그리고 고무를 가공하여 공급할 때 적정 온도와 균일한 공급에 신경을 써야 한다.

각 구간 고무 가공 시 적정 온도에서 벗어나면 다음 공정에서 압연 제품의 점착력이 떨어져 타이어를 생산하는 과정에서 불량이 발생되거나 생산성이 저하되기 때문이다. 회전하는 롤러에서 고무를 적정량으로 유지하는 것은 온도 유지와 압연물의 게이지$^{G/A,}$ ^{Gauge} 균일성을 위해 필수적이다. 특히 압연 공정에서는 불량 발생 시 대량으로 발생할 수 있으므로 주의해야 한다.

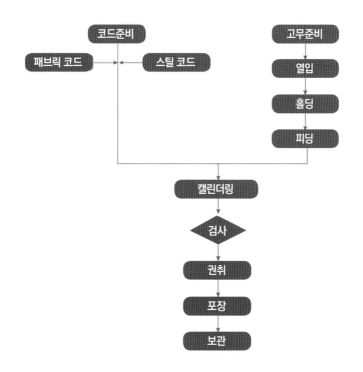

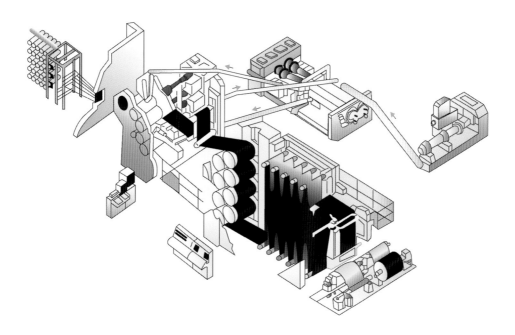

[그림 5.106] 압연 공정도

용어정리

- 코드(Cord): 나일론, 폴리에스터, 스틸 등을 말한다.
- 데니어(Denier): 코드의 굵기를 재는 단위로서 섬유 1g을 9km로 늘였을 때의 실의 굵기를 1데니어라고 한다. 즉, 1260g/9000m = 1260데니어로 표시한다.
- 캘린더링(Calendering): 코드지 양면에 얇게 고무를 입히는 작업을 말한다.
- 위사: 경사 코드의 흐트러짐을 방지하기 위하여 얽혀있는 실을 말한다.
- 경사: 코드의 기본이 되는 실을 말한다.
- 오합: 태비(Tabby)라고도 하며, 코드의 처음과 끝 부분에서 코드사가 흐트러져 엉키지 않도록 위사와 경사가 5~7이 겹쳐 있는 부분을 말한다.

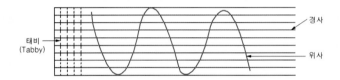

- EPI(End Per Inch): 1인치(25.4mm) 내의 코드올수
- 라이너(Liner) : 권취시 압연 제품의 접착을 방지하기 위하여 압연물을 감싸주는 천을 말한다.
- 빔(Beam): 재단기[Wind Up]에 설치하여 라이너에 코드지를 권취하는 원통형의 부대 설비를 말한다.

압연 작업은 고무 투입, 코드 준비, 토핑[Topping] 작업, 냉각 순서대로 진행된다. 가장 첫 번째로 고무 투입은 핫 피딩[Hot Feeding]과 콜드 피딩[Cold Feeding]의 두 가지 방식이 존재한다. 핫 피딩[Hot Feeding] 방식은 밀[Mill]을 사용하는 방식이다.

[표 5.6] 핫 피딩(Hot Feeding) 방식

브레이크다운 밀 (Break Down Mill)	고무의 열입(Warming) 과정으로 점도 편차를 유발하고 불필요한 고무의 온도 상승을 막기 위해서 뱅크량(Bank Loading)은 30cm 이하의 소량으로 유지되어야 한다.
홀딩 밀 (Holding Mill)	브레이크다운 밀(Break Down Mill)에서 1차 가공된 고무를 피딩 밀(Feeding Mill)에 고무를 균일하게 공급하기 위한 임시 저장 역할을 한다.
피딩 밀 (Feeding Mill)	홀딩 밀(Holding Mill)에서 믹싱된 고무를 캘린더(Calender)에 균일하게 공급해주는 역할을 한다.

고무 투입의 다른 한 가지 방식인 콜드 피딩^{Cold Feeding} 방식은 압출기를 사용한다. 설치 공간이 작고 설비 운영 인원이 적다는 장점이 있다. 그 다음으로 코드 준비가 이루어진다. 코드^{Cord}는 타이어의 강도를 유지하는 매우 중요한 구성품이기 때문에 수입 검사 및 검사 항목이 존재한다. 코드의 품질관리 항목은 코드 직경, EPI^{End Per Inch}(인치당 코드 수), 강력, 신율, 고무와의 접착력, 습윤율이 있다.

스틸 코드^{Steel Cord}는 항온 항습실^{Creel Room}에서 포장 해체 및 기타 준비 작업을 실시해야 한다. 패브릭 코드^{Fabric Cord}는 사용 직전에 포장을 해체하여 외부 공기 중에 노출을 최소화하여 압연을 진행해야 한다. 특히 패브릭 코드^{Fabric Cord}의 경우 건조 드럼을 사용하여 외부 공기의 노출로 인한 적은 양의 수분도 제거한 후 압연될 수 있도록 해야 한다.

[그림 5.107] 스틸 코드 압연

[그림 5.108] 패브릭 코드 압연

다음으로는 토핑^{Topping} 작업이다. 캘린더^{Calender}는 4개의 보울^{Bowl}로 구성되어 있으며 1, 2번과 3 4번 보울의 역할은 고무를 필름 형태로 변화시켜 주는 역할을 한다. 동시에 2번과 3번 보울 사이로 코드가 통과하면서 각각의 필름을 코드의 상하면에 부착하는 형태로 이루어진다. 균일한 게이지^{G/A, Gauge}를 얻기 위해 보울을 교차하는 정도와 구부리는 정도를 변화시켜 최적의 게이지를 나타낼 수 있게 한다.

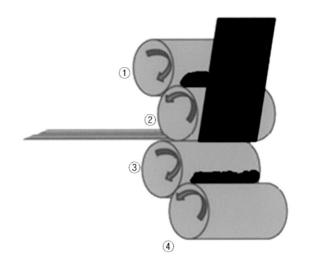

[그림 5.109] 토핑

냉각은 토핑^{Topping}된 코드를 쿨링드럼^{Cooling Drum}을 이용하여 냉각하는 과정이다. 가공 시 발생하는 온도는 약 100~120℃이다. 이를 안정적인 상태로 보관하기 위해 35℃ 이하로 냉각시킨다. 뜨거운 표면을 급랭시키는 퀜칭^{Quenching} 작업을 통해 표면에 점착 성능을 부여한다. 따라서 냉각은 보관 기간 및 사용 이전까지 안정적인 품질 수준을 나타낼 수 있도록 하는 아주 중요한 공정이다.

3) 압출

압출 공정은 정련 공정에서 균일하게 혼합된 고무를 압출기의 구금을 통과하여 사양서에서 요구하는 형상으로 제조하는 공정이다. 고무 자체가 치수적으로 매우 불안정한 물체이므로 구금으로부터 압출되는 압출물의 윤곽은 넓게 퍼지고 팽창되며 길이는 수축이 발생한다.

이때, 압출과 압연의 차이점에 주의해야 하는데 압연은 고무와 그 부속품(스틸, 섬유)으로 구성되어 있지만 압출은 고무만으로 구성되어 있다는 것이 둘의 차이점이다.

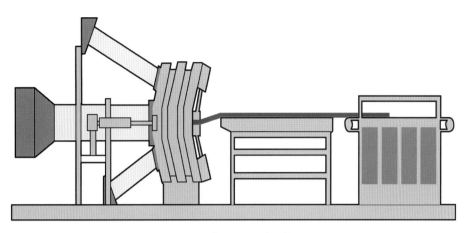

[그림 5.110] 압출

[그림 5.111] 압출

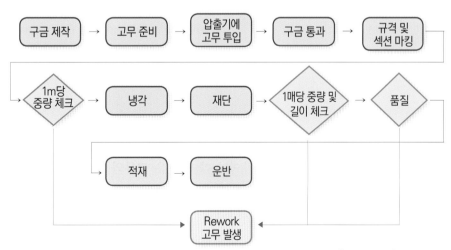

[그림 5.112] 압출 공정도

압출 작업은 먼저 구금^{DIE} 제작부터 이루어진다. 구금은 사양서의 요구 형태에 따라 규정된 압출물을 생산하는데 사용된다. 압출기의 헤드에서 고무의 흐름을 사양서의 윤곽에 따라 고무 유동을 조절하며, 파이널 다이^{Final Die}는 사양서에 준하여 형상의 압출물이 생산될 수 있도록 구간별 치수를 결정하여 프로파일^{Profile}(제품)된다.

압출물은 트레드^{Tread} 구조, 사이드^{Side} 구조 그리고 에이팩스^{Apex} 구조의 세 가지의 형상을 띄는데 각각의 형태는 다음과 같다.

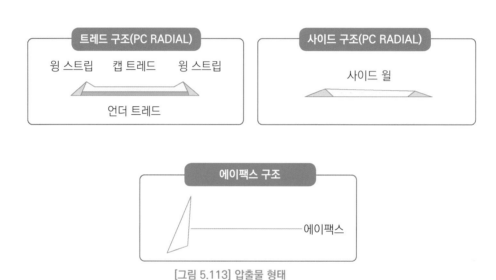

[그림 5.113] 압출물 형태

이때, 다음 공정인 성형 공정에서 트레드^{Tread} 구분이 가능하도록 규격, 색선 등을 표시하여 공급해야 한다.

타이어 규격 및 패턴, 작업 일자 및 작업반, 마지막으로 콤파운드^{Compound}명 순서대로 압인이 이루어진다. 압출물 규격 마킹은 아래 그림과 같다.

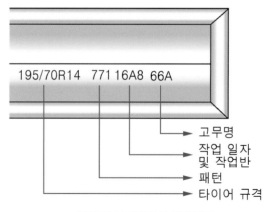

[그림 5.114] 압출물 규격 마킹

압출물의 규격까지 표시했다면 다음으로는 이 압출물을 냉각, 검사하여 적재해야 한다. 압출기에서 압출되어 나온 트레드를 적정 온도로 냉각하여 사양서에서 요구하는 길이로 재단하여 공급해야 한다. 트레드의 폭, 두께, 길이 등을 체크하여 후 공정에 양품의 압출물을 공급하는데 목적이 있다. 적재 전 중량 측정$^{Final Scale}$을 통해 모든 트레드 1매당 중량을 체크하여 후 공정으로 불량 트레드 공급을 최소화하고 있다.

재단된 트레드는 성형공정으로 운반이 용이하도록 북커(Booker)에 적재된다. 적재가 완료되면 꼬리표에 내용을 기록하여 부착하고 다음 공정으로 운반한다.

[그림 5.115] 압출물 냉각

[그림 5.116] 압출물 적재

4) 비드

비드는 스틸 와이어$^{Steel Wire}$에 일정한 두께로 고무를 코팅한 다음 타이어 규격에 따라 와이어를 감는 작업이다. 스틸 와이어$^{Steel Wire}$를 감은 비드에 삼각형 모양의 압출물인 에이팩스^{Apex} 고무를 부착하는 공정을 통틀어 비드 공정이라고 한다.

[그림 5.117] 비드

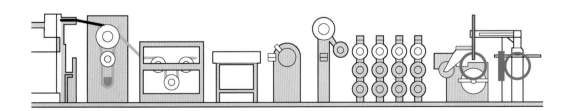

비드 공정을 이해하기에 앞서 비드의 구조 및 종류를 살펴보고자 한다. 비드의 구조는 플리퍼 비드^{Flipper Bead}와 플리퍼리스 비드^{Flipper-less Bead}에 차이가 존재한다.

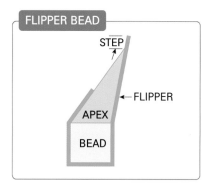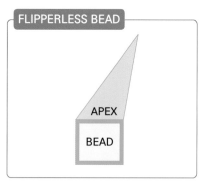

[그림 5.118] 플리퍼 비드와 플리퍼 리스 비드의 구조

비드는 단면의 형상에 따라 일반적으로 두 종류로 사용되고 있다. 직사각형 형태의 단면을 가진 비드는 일반 사각 비드^{Rectangulal Bead}, 육각형 단면의 비드를 헥사고널 비드^{Hexagonal Bead}라고 한다.

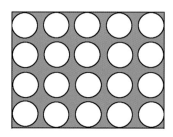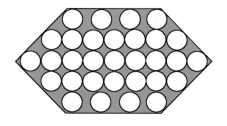

(a) 일반 사각 비드   (b) 헥사고널 비드

[그림 5.119] 비드의 종류

비드 공정의 주된 작업은 에이팩스^{Apex} 작업이다. 에이팩스 작업은 비드부의 충격 완화를 목적으로 사용되며, 이에 몇 가지 주의 사항이 존재한다. 먼저 에이팩스 압출 고무가 사양서와 맞는지 확인한 후 작업을 하여야 한다.

에이팩스 압출기의 표준 온도와 사양서의 디멘션^{Dimension}을 확인한 후 작업에 들어간다. 또한 비드에 부착 시 그림과 같이 에이팩스 베이스부가 틀어지지 않도록 원부 방향으로 균일하게 작업하여야 한다.

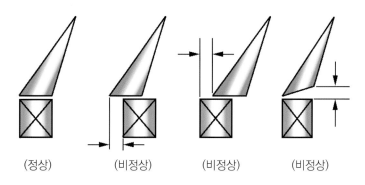

(정상)   (비정상)   (비정상)   (비정상)

※ 에이팩스 베이스 부위가 비드 폭과 같아야 한다.

[그림 5.120] 에이팩스 베이스 부위

5) 재단

재단이란 압연 공정에서 캘린더링^{Calendering}된 반제품을 사양에 명시된 사양(폭, 각도)으로 재단하여 다음 공정인 성형 공정에 공급해 주는 과정을 말한다.

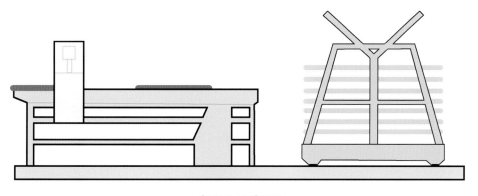

[그림 5.121] 재단

성형 시 요구 품질을 만족하기 위해서는 어떻게 해야 할까? 압연 공정에서 공급받은 반제품의 확인 및 관리가 필요하다. 재단 및 운반, 보관 관리 등 다음 공정에서 사용상 문제점이 없도록 해야 한다. 또한 사용 후 잔량 및 후 공정에서 반납된 모든 재단의 관리를 특별히 주의해야 한다.

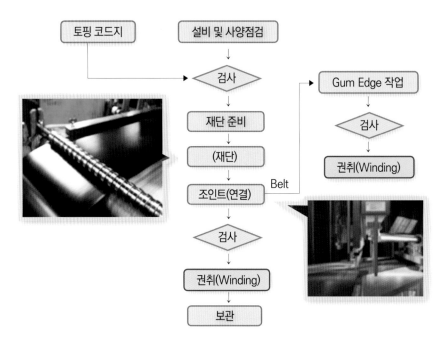

[그림 5.122] 재단 공정도

재단 공정에서 작업하는 반제품은 규격에 따라 두 종류로 나뉜다. 래디얼^{Radial} 규격의 반제품에는 바디 플라이$^{Body Fly}$, 스틸 벨트$^{Steel Belt}$, 체퍼^{Chafer}, 플리퍼^{Flipper}, 캡 플라이$^{Cap ply}$ 등이 있다. 바이어스^{Bias} 규격의 반제품에는 플라이^{Ply}, 브레이커^{Breaker}, 체퍼, 플리퍼^{Flipper} 등이 있다.

설비로는 패브릭 커터$^{Fabric Cutter}$, 스틸 커터$^{Steel Cutter}$, 캡 플라이$^{Cap ply}$ 슬리터^{Slitter} 머신$^{M/C}$이 있다. 먼저 패브릭 커터는 나일론, 폴리에스터 코드를 재단하며, 재단 각을 조정할 수 있다. 스틸 커터는 스틸 코드를 재단한다. 캡플라이 슬리터 머신은 패브릭을 여러 가닥으로 슬리팅^{slitting}하는 설비이다.

재단 작업이 이루어지면 몇몇 커팅 불량이 발생하기도 한다. 도그 이어^{Dog Ear}현상은 비드의 단면 형상이 엇갈린 것을 말한다. 일반적으로 두 종류가 있다. 플레어^{Flare} 현상은 스틸 재단 시 코드의 끝 부분이 경사되게 재단되어 스틸 와이어의 가닥 끝이 풀려서 불꽃과 같이 되는 현상을 일컫는다. 따라서 재단 나이프 교체 주기를 정확히 체크하여 교체해야 커팅의 불량을 줄일 수 있다.

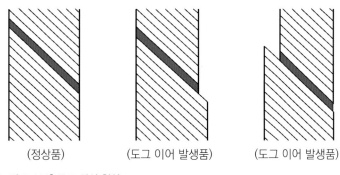

(정상품)　　　　(도그 이어 발생품)　　　　(도그 이어 발생품)

[그림 5.123] 도그 이어 현상

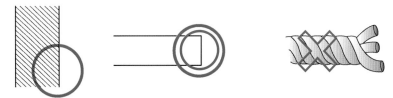

[그림 5.121] 플레어 현상

재단 작업은 와인딩^{Winding}과 리와인딩^{Rewinding}으로 이루어진다. 와인딩 작업은 재단물을 라이너^{Liner} 및 캡티브 트럭^{Captive Truck}에 감는 작업이다. 이 때 CLT^{Captive Liner Truck}란 폭이 좁은 스틸 벨트를 감는 부대 설비를 말한다. 리와인딩 작업은 재단물을 권취하기 전에 틀어져 있는 라이너를 올바르게 다시 말아주는 작업이다.

재단 시 오합 부분이 재단되지 않도록 주의하여 재단해야 한다. 폭 및 각도는 사양에 준하여 정확히 재단해야 한다. 재단 폭의 편차가 있다면 조인트 시 도그 이어 현상이 발생하기 때문이다.

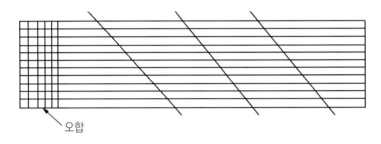

[그림 5.125] 오합 시 재단

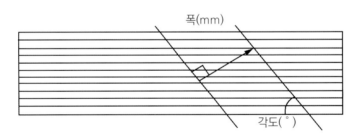

[그림 5.126] 폭 및 각도 주의

조인트^{Joint} 작업은 재단된 코드지의 끝과 끝을 서로 연결하는 작업이다. 작업 시 주의할 점은 조인트 면이 일직선이 되도록 하고, 조인트 면 또는 코드 올이 벌어지지 않도록 압착 압력을 항상 일정하게 유지해야 한다.

[그림 5.127] 조인트 작업

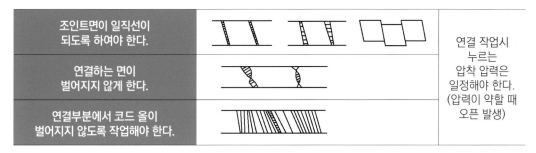

조인트면이 일직선이 되도록 하여야 한다.	
연결하는 면이 벌어지지 않게 한다.	연결 작업시 누르는 압착 압력은 일정해야 한다. (압력이 약할 때 오픈 발생)
연결부분에서 코드 올이 벌어지지 않도록 작업해야 한다.	

검 엣지$^{Gum\ Edge}$ 작업은 재단된 끝 부분을 고무로 감싸주는 것이며, 벨트 쿠션$^{Belt\ Cushion}$ 작업은 벨트 윗부분에 고무를 부착하는 작업이다. 래디얼 타이어에서 스틸 코드 끝 부분에 발생되는 각종 사고를 예방하기 위해 매우 중요한 작업 방법이다.

※ Gum Edge: 재단된 끝 부분을 고무로 감싸주는 작업

※ Belt Cusion: Belt 윗부분에 고무를 부착하는 작업

[그림 5.128] 검 엣지(Gum Edge) 및 벨트 쿠션(Belt Cushion) 작업

6) 성형

성형은 압연, 압출, 재단, 비드 공정에서 사양에 의해 일정하게 가공 처리된 반제품을 운반하여 성형기에서 사양에 의해 조립하여 그린 타이어$^{Green\ Tire}$를 만들고 완성된 그린 타이어 $^{Green\ Tire}$를 가류 공정에 인계하는 과정이다.

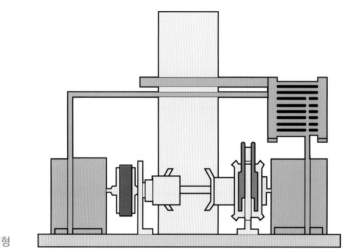

[그림 5.129] 성형

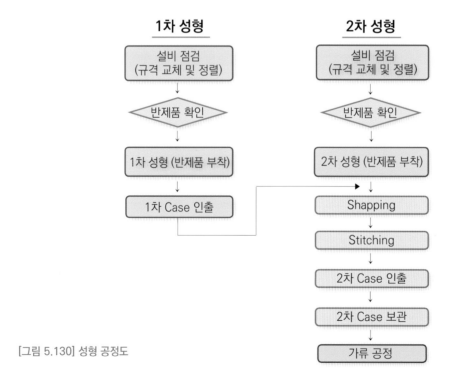

[그림 5.130] 성형 공정도

패브릭 래디얼 타이어$^{Fabric\ Radial\ Tire}$의 성형은 인너 라이너$^{Inner\ Liner}$, 바디 플라이$^{Body\ Ply}$, 비드^{Bead} 및 사이드 월^{Sidewall}을 조립하는 1차 성형과 1차 성형된 그린 타이어$^{Green\ Tire}$(성형이 완료된 가류 이전의 타이어를 말함)에 벨트, 캡 플라이, 트레드를 조립하는 2차 성형으로 구분한다.

[그림 5.131] 1차 성형

[그림 5.132] 2차 성형

[그림 5.133] 2차 Case 인출

• 성형 작업 전 몇 가지 확인 및 점검 사항을 알아보자.

① 작업 지시서에 명시된 규격과 사양의 일치 여부를 확인한다. 규격에 맞는 드럼인가, 사양의 드럼 폭과 일치하는가를 확인해야 한다.

② 센터 라이트^{Center Light}의 세팅 상태를 확인한다. 특히 드럼 중앙, 반제품 부착위치를 체크해야 한다.

③ 써비서에 걸려있는 반제품이 사양과 일치하는가를 확인한다. 압출물의 컴파운드^{Compound} 종류와 폭, 게이지, 길이, 재단물의 재질과 폭 및 각도 등을 점검한다.

④ 재단물의 권취^{Winding} 상태 및 드럼에 부착 시의 각도 방향이 사양과 일치하는가를 확인한다. 마지막으로 성형기의 각종 게이지^{Gauge} 압력이 표준인가를 확인한다. 이때 육안 점검도 가능하다.

다음은 성형공정의 작업 요령을 알아보도록 하자. 먼저 1차 성형 순서별 작업 요령이다. 1차 성형은 프리 어셈블리^{Pre-Ass'y} 부착, 바디 플라이^{Body Ply} 부착, 비드 어셈블리^{Bead Ass'y} 부착, 턴업^{Turn-Up}, 1차 그린 타이어^{Green Tire} 인출 순으로 진행된다.

[표 5.7] 1차 성형 순서 별 작업요령

수순	작업 요령	비고
프리 어셈블리 (Pre-Ass'y) 부착		Inner Liner Shoulder Strip Gum Chafer Side Wall 오버랩
바디 플라이 (Body Ply) 부착		1 Ply 2 Ply 오버랩
비드 어셈블리 (Bead Ass'y) 부착		
턴업 (Turn-Up)		턴업 브레더 압력
1차 케이스 (Case) 인출		센터링 확인

2차 성형의 작업 순서이다. 벨트^{Belt} 부착, 캡 플라이^{Cap ply} 부착, 트레드 어셈블리^{Tread} ^{Ass'y} 부착, 2차 케이스^{Case} 인출 순으로 이루어진다.

[표 5.8] 2차 성형 순서 별 작업요령

수순	작업 요령	비고
벨트(Belt) 부착		#1Belt #2Belt 센터링 조인트
캡 플라이 (Cap ply) 부착		앤드리스 캡플라이 (Endless Cap ply) 형상(구조)
트레드 어셈블리 (Tread Ass'y) 부착		센터링 조인트
2차 케이스 (Case) 인출		그린 타이어(Green Tire)

7) 가류

가류란 완성된 그린 타이어^{Green Tire}를 해당 규격의 몰드^{Mold}에 넣고 내부와 외부에서 일정시간 동안 열과 압력을 가하여 유황과 다른 화학약품이 고무와 반응을 일으키게 하는 작업이다. 해당 단

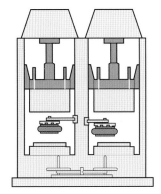

[그림 5.135] 가류

계에서 타이어마다 다른 특색의 트레드 디자인과 고무의 탄성을 부여한다. 따라서 가류 공정을 거치고 나면 비로소 우리가 대리점이나 카센터에서 볼 수 있는 타이어의 형태를 갖추게 된다.

가류 공정의 세부 작업들에 대해 알아보도록 하자. 먼저 스프레이 작업^{Spray Process}이다. 성형된 그린 타이어는 컨베이어 벨트를 타고 가류 공정으로 이어지기 전 스프레이 작업을 통과한다. 이때 그린 타이어^{Green Tire}는 내·외측에 각각 이형제가 도포되어 건조된 뒤 가류기에 들어갈 준비를 마친다.

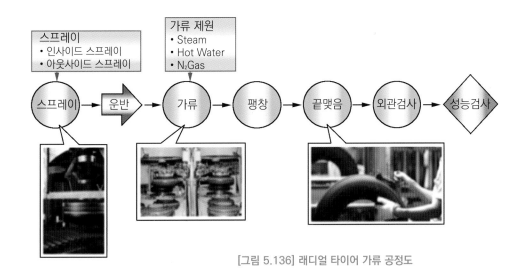

[그림 5.136] 래디얼 타이어 가류 공정도

스프레이 작업은 다시 내·외부 두 가지 작업으로 나뉜다. 인사이드 스프레이 작업은 그린 타이어 내부에 이형제를 균일하게 도포하는 작업이다. 쉐이핑^{Shaping} 시 그린 타이어에 브레더^{Bladder}가 적정 위치에 있도록 윤활작용을 하며, 가류 후 인출기 브레더와 타이어가 잘 분리되도록 도와준다.

도포 부위는 그린타이어 비드에서 반대편 비드까지의 내측이다. 이때, 골고루 도포되지 않으면 가류 후 인출 시 브레더 뜯김이 발생하므로 고른 도포에 신경 써야 한다. 또한 외부에 오염된 스프레이 액은 세척 후 건조하여 가류해야 한다.

아웃사이드 스프레이 작업은 가류 시 고무의 흐름이 잘 되도록 하여 베어^{Bare} 및 에어포켓^{Air Pocket}을 방지하고 트레드 부위의 조각^{Pattern} 베어 또한 방지한다. 그러나 과도포가 되면 표면의 백탁(표면이 허옇게 들뜨는) 현상에 의해 외관 불량이 발생하므로 주의해야 한다. 도포 부위는 그린 타이어 양쪽 비드에서 숄더 부분이다. 만일 트레드 조각의 베어가 발생했을 시 도포 부위는 트레드 부위가 된다.

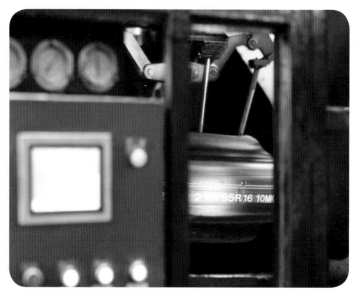

[그림 5.137] 스프레이 작업

스프레이 작업이 끝나면 가류 작업에 들어가게 된다. 가류^{Curling} 작업은 그린 타이어를 몰드에 넣어 몰드 내·외측에 일정시간 동안 일정한 압력과 열을 가하여 타이어의 종류에 따른 트레드 패턴을 완성하는 과정이다.

시간과 압력 및 온도를 잘못 입력하여 기계가 가동되었을 때에는 그 오차가 작은 수치에 불과하더라도 전혀 다른 특성의 타이어가 만들어지므로 주의 깊게 진행해야 한다. 가류공정에서 가장 중요한 3가지 요소는 시간^{Time}, 압력^{Pressure}, 온도^{Temperature}이다.

[그림 5.138] 가류(Curling) 작업

가류 작업 후에는 팽창 작업^{PCI}이 이루어진다. 몰드에서 인출된 타이어는 내부의 열로 인해 코드가 수축되어 코드의 물성 하락과 원형 불량이 발생될 수 있다. 팽창 작업이 바로 이러한 현상을 방지하는 역할인 것이다. 팽창 작업을 생략할 경우 품질에 미치는 영향은 다음과 같다.

① 타이어의 원형 불량이 발생한다.
② 주행중 박리^{Separation} 현상이 발생한다.
③ 주행중 트레드의 조기 마모 현상이 발생한다.
④ 끝맺음 작업 시 트레드부에 절상 현상이 발생한다.

최근에는 제조 기술의 발전으로 코드의 수축이 적은 것을 사용하여 팽창 작업을 생략하는 규격도 생산되고 있다.

그 다음은 끝맺음^{Trimming Cutter} 작업이다. 가류된 타이어의 비드부, 트레드부, 사이드부의 '식출'을 제거하는 작업이다. 몰드 속에서 타이어가 가류되는 동안에는 압력이 높을 뿐만 아니라 부위별 온도가 다를 수 있기에 고무의 쏠림 현상이 발생할 수 있다.

이를 방지하기 위해 몰드에 구멍을 뚫어 사용하는데, 이 때문에 가류 공정을 마친 타이어는 '식출'이라 불리는 고무 돌기가 생겨난다. 따라서 타이어 표면의 식출을 제거하여 외관 품질을 향상시키는 것이 목적이다. 이때, 식출 길이는 최대한 짧게 절단하고 타이어의 표면이 손상되지 않도록 주의한다.

[그림 5.139] 식출 컷팅 작업

8) 검사

제조 공정 이전 원재료 및 부품을 수입하는 과정에서 먼저 수입 검사가 이루어진다. 그 후 제조 공정이 진행되는데 제조 공정이 끝나면 타이어의 품질을 확인해야 한다.

완제품 상태의 타이어 품질을 검사하는 과정을 검사 공정이라고 부른다. 결점을 찾아 제품의 질을 유지하고 피드백을 통한 공정 및 품질 개선 유도가 목적이다.

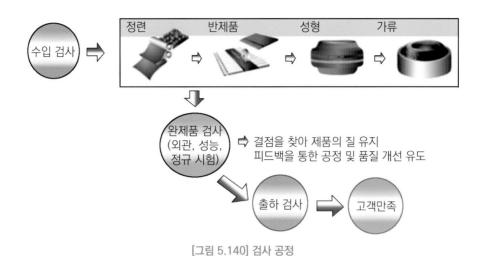

[그림 5.140] 검사 공정

완제품 검사에는 외관 검사, 성능 검사 그리고 정규 시험이 있다. 먼저 외관 검사는 타이어의 내ㆍ외측을 검사자의 오감을 통해 제품의 결정을 검사하는 것이다. 외부적으로는 소비자에게 외관 품질을 보증하고 내부적으로는 연속 불량을 예방하기 위함이다. 비드, 인너 라이너, 사이드 월, 트레드 등을 검사하고 기타 인너 라이너 관통, 팽창 작업[PCI] 불량 등을 검사한다.

외관 검사의 세부 수행 업무로는 첫 제품 검사, 외관 검사, 제품 판정, 검사 품질 업그레이드가 있다. 다음은 수행 업무 별 세부 내용이다.

[표 5.9] 외관 검사 세부 수행 업무

첫 제품 검사	외관검사	제품 판정	검사 품질 Upgrade
•개발 규격, 몰드 교체 규격, 시험 규격 첫 제품의 검사 및 판정 •부적합품 생산 중단 요청 및 피드백 •첫 제품 검사결과 종합보고	•완제품 외관 전수검사 실시 및 자체 합/부 판정 • 합격 판정 제품 검인 후 공정 이송 •부적합품 인식 표시 및 판정장 이송 •연속 불량 제품 피드백	•검사 규격에 따라 제품 판정 • 제품 최종 합/부 판정 • 부적합품 전산 입력 및 현황관리(불량 및 수리품) • 연속 불량 생산 중단 요청 및 피드백	•시장 품질 정보 관리 •완제품 검사 규격 발행, 관리

외관 검사 다음으로는 성능 검사가 진행된다. 성능 검사는 특수한 검사 설비를 이용하여 육안으로 검사할 수 없는 타이어 내부 및 균일성을 검사한다. 성능 검사를 통해 고품질의 제품 성능을 확보할 수 있다. 성능 검사는 균일성^{Uniformity} 검사와 엑스레이$^{X-Ray}$ 검사가 있는데 유니포미티 검사로는 TUG$^{Tire\ Uniformity\ Grader}$, 밸런스^{Balance}, 런 아웃$^{Run\ Out}$ 검사가 포함된다.

타이어 균일성은 타이어가 원재료 배합, 압출, 성형, 가류 등 여러 공정에서 균일하게 제조되어 있는가를 나타내는 것이다. 다음은 해당 성능 검사 항목이다.

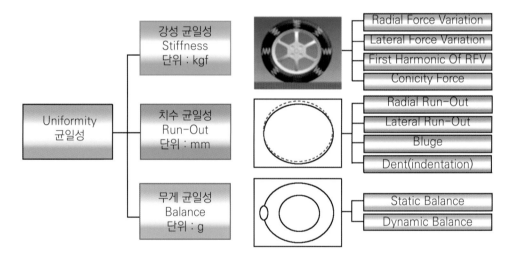

[그림 5.141] 타이어 균일성(Tire Uniformity)의 종류

균일성의 종류로는 강성^{Stiffness} 균일성, 치수^{Run-Out} 균일성과 중량^{Balance} 균일성이 있다.

다음은 강성^{Stiffness} 균일성의 원리 및 정의이다.

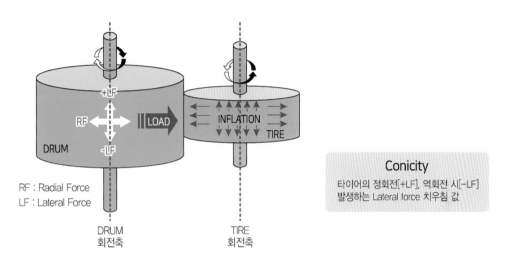

[그림 5.142] 강성(Stiffness) 불균일 측정 원리

- 강성 불균일 항목별 정의는 다음과 같다.

 ① RFV: 타이어를 림에 장착한 후 공기압을 주입한 상태에서 일정한 하중을 가하면서 원통 드럼에 접촉시켜 일정속도로 회전시킬 때 원통 드럼의 축에서 측정되는 타이어 반경 방향으로 발생되는 힘의 변화

 ② LFV: 타이어를 림에 장착한 후 공기압을 주입한 상태에서 일정한 하중을 가하면서 원통 드럼에 접촉시켜 일정속도로 회전시킬 때 원통 드럼의 축에서 측정되는 타이어 반경 방향으로 발생되는 힘의 변화

 ③ R1H: RFV^{Radial Force Variation}에서 나타나는 타이어의 회전 각도에 따른 각각의 상하 방향으로 발생되는 힘의 변화를 퓨리에^{Fourier} 급수로 계산하여 타이어가 1회전하는 경우를 1주기로 정의하고 1주기 동안에 타이어의 종(상하)방향으로 1회 변화하는 힘의 크기

 ④ CON: 타이어가 회전하는 중에 좌우측 방향 중 어느 한쪽으로 치우치려 하는 힘 (타이어의 정-역회전 시 발생하는 Lateral Force 치우침 값의 평균)

・성능 검사의 결과는 다음과 같이 표시한다.

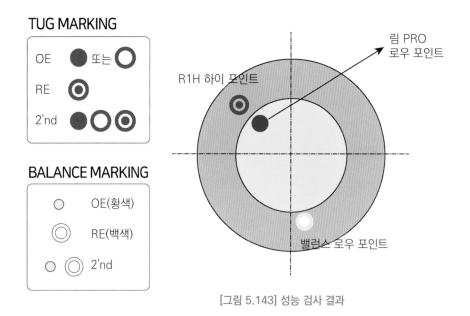

[그림 5.143] 성능 검사 결과

균일성의 한 종류인 치수 균일성에 대해 알아보자. 치수 균일성에 이상이 생긴 상태를 치수 불균형이라고 한다. 치수 불균형에는 RRO^{Radial Run-out}과 LRO^{Lateral Run-out}, 벌지^{Bulge}와 덴트^{Dent}가 있다.

런-아웃이란 타이어가 회전하고 있을 때 치수 변화에 의한 원인으로 흔들림이 발생하는 현상이다. 이 때 두 불균형을 종방향^{Radial}과 횡방향^{Lateral}의 흔들림으로 구분하며, 그 흔들림의 정도를 mm 단위로 표시한다. 다음은 RRO와 LRO의 원리이다.

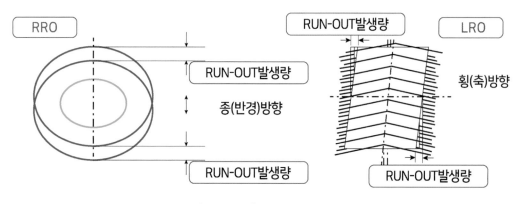

[그림 5.144] RRO & LRO

벌지^{Bulge}와 덴트^{Dent}는 타이어에 공기압 주입 시 제조 공정상 반제품 조인트 오버랩^{Joint} ^{Overlap} 과다 작업에 의해 발생한다. 특히 벌지는 사이드 조인트$^{Side Joint}$과다로 주변 부위보다 돌출된 정도를 말하며, 덴트는 바디 플라이 오버랩$^{Body Ply Overlap}$ 과다로 주변 부위와 팽창 상태의 상이한 정도를 mm 단위로 표시한 것이다. 다음은 벌지와 덴트의 원리이다.

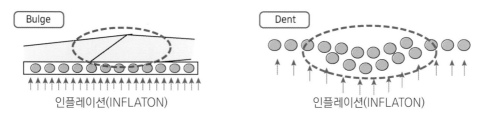

[그림 5.145] Bulge & Dent

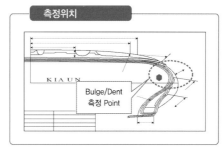

[그림 5.146] 측정기와 측정 위치

마지막 균일성의 한 종류인 중량 균일성이다. 중량^{Balance} 불균일은 타이어의 무게 불균일로 발생하며, 정적 밸런스, 동적 밸런스가 있다. 정적 밸런스$^{Static Balance}$란 움직이지 않는 상태에서 타이어를 저울 위에 올려놓았을 때 측정되는 원주상의 무게 불균일을 일컫는다. 중심축의 변화가 발생하여 타이어 회전 시에 1회전 당 1회씩 상하로 진동이 발생하여 차량 떨림^{Tramping}을 유발한다.

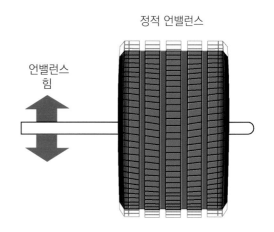

정적 언밸런스

언밸런스
힘

동적 밸런스^{Dynamic Balance}란 타이어를 림에 장착하여 일정한 속도(약 150~220rpm)로 회전시켜서 발생되는 타이어의 좌, 우측의 무게 불균일이다. 타이어 회전 시 무게 불균일로 인해 회전 중심축이 변화하여 좌우방향으로 진동이 발생하게 된다. 즉, 횡방향 토크^{Lateral Torque}가 발생하여 회전 중심축이 변형되어 생기는 떨림이다.

동적 언밸런스

횡방향 토크

[그림 5.147] 정적 밸런스   [그림 5.148] 동적 언밸런스

다음은 유니포미티^{Uniformity} 성분별 차량에서의 영향을 정리한 표이다.

[표 5.10] 유니포미티(Uniformity) 성분 별 차량에서의 영향

성분		차량 영향	기타
RFV	Roughness	타이어가 1회전 시에 2~3회 이상의 진동이 발생되어 자동차의 조향 핸들, 차체, 좌석 등을 통하여 전달되는 진동이며, 일반적으로 잔 진동의 형태로 감지된다.	암반길을 달리는 것과 같이 진동이 발생되어 사람이 가장 싫어하는 진동을 유발하여 진동이 심하면 차체 결합부의 유격이 발생되어 차체의 수명이 감소된다.
	Boom	타이어가 주행 시에 북을 두드리는 소리나 벌이 날아가는 소리와 같은 소음이 발생된다.	
R1H RRO	Shake	타이어가 1회전 시에 한 번의 주기로 진동이 발생되어 자동차의 조향 핸들, 차체, 좌석 등을 통하여 들어오는 진동이며, 큰 진동으로 감지된다. 타이어의 주기적인 진동과 자동차의 섀시부나 조향부가 가지고 있는 고유진동의 특성과 공명 현상을 발생시켜 진동을 유발시킨다.	
LFV LRO D/B	Shimmy	타이어가 주행 시 조향 핸들의 원주방향(핸들 회전방향)으로 진동이 나타난다.	
	Wobble/ Waddle	타이어가 저속 주행 시 조향 핸들의 조작이 없는데 좌우로 흔들리거나 차량이 한 차선 내에서 좌우로 왔다갔다 하는 현상으로 고속 주행 시 심하게 나타난다.	
CON	Pull	차량 주행 시 조향 핸들에서 손을 놓았을 때 직진상태에서 벗어나 좌측이나 우측으로 쏠리는 현상으로 쏠림, 직진성으로 나타난다.	
S/B	Tramping	차량 주행 시 무거운 부위가 지면에 닿을 때 원심력 발생으로 회전축의 직선운동을 방해하면서 상하 방향으로의 핸들 떨림·진동을 유발한다.	

성능 검사를 끝마치면 마지막으로 출하 검사를 한다. 출하 검사는 외관 검사와 성능 검사가 완료된 제품의 인수 및 보관 과정에서 발생할 수 있는 외관 품질 결함을 최종 검사 및 발췌하는 과정이다. 출하 검사로 인해 수요자의 요구 품질에 만족할 수 있는 제품만을 공급하게 된다.

출하 검사 운영 관리 업무로는 다섯 가지가 있다. 제품별, 지역별, 메이커별 출하를 관리한다. 품질 문제 제품 확인 및 조치를 한다. 시장의 요구 품질 정보 수집 및 직장 내 교육훈련(OJT)을 실시한다. 출하 검사 관련 지침을 수립한다. 마지막으로 출하 검사 결과를 종합 분석 및 보고한다.

기타 품질 검사로는 정규 시험 업무, 성적서 업무, 군납 관련 업무가 있다. 다음은 각 업무의 주요항목이다.

[표 5.11] 기타 검사 주요 항목

정규 시험 업무	성적서 업무	군납 관련 업무
• 정규시험 계획 수립 • 정규시험 LOT/DOT 별 시험의뢰 • 정규시험 제품 미달 시 생산 중지 및 개선 요청 • 정규시험 결과 보고	자료 없음	• PISTA 제품의 품질 체크, 기록 및 관리 • PISTA 제품의 검사 및 합부 판정 • 일반 군납 제품의 검사 및 합부 판정 • OFF TAKE 군납 제품의 시험, 검사 및 합부 판정 • 대 관청(국방 품질관리 연구소) 업무

1. 타이어 만족지수(TSI^{Tire Satisfaction Index}) 란?

① 제이 디 파워^{J. D Power}사 에서 발표하는 타이어 만족도 지수

② 신차 구입 후 완성차 타이어를 1~2년 사용한 경험이 있는 고객에게 직접 평가
   (2년 사용 경험을 최종 지수로 산출)

타이어 만족지수의 중요성: 완성차 업체에서 타이어 품질 수준을 가늠하는 권위 있는 지수로 사용한다.

※ J. D Power 개요: 정식 명칭은 J. D Power and Associates다. 1968년 미국 로스앤젤레스에서 제임스 데이비드 파워 3세가 설립. 세계적인 글로벌 마케팅 정보 회사로서 자동차 및 광고회사에 이르기까지 다양한 사업 분야에서 고객 만족도, 제품 품질·구매 동향 등에 대한 조사에서 세계적인 권위를 갖고 있다는 평가를 받고 있다.

2. 타이어 만족지수(TSI) 산출 방법은?

고객 평가 항목 × 항목별 가중치 × 차량별 가중치(판매 비중) = Tire Satisfaction Index

※ 고객 평가 항목: Ride & Noise, Traction & Handling, Wear, Appearance

3. 조사 방법은? (차량등록 소비자가 조사 대상)

4. '15 ~ '19년도 국내 타이어 제조사 순위 추이: 쏘나타(Y2) 기준

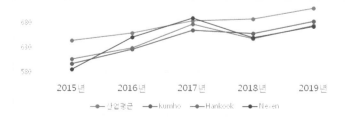

별첨

별첨#1 타이어 관련 TOP10 FAQ (출처: 금호타이어 홈페이지)

1. 자동차의 타이어는 왜 모두 검은색인가요?

타이어의 내구성을 높이기 위해 첨가하는 성분인 카본블랙의 색깔이 검기 때문입니다. 간단히 말해 타이어의 검은색은 강도와 직결됩니다. 타이어는 천연고무와 합성고무가 주 원료지만 고무의 결점을 보완하기 위해 다양한 화학 첨가물을 투입합니다. 이 가운데 반드시 첨가해야 하는 물질이 석유정제 후의 찌꺼기를 연소시켜 생성되는 검정 분말인 카본블랙^{Carbon black}이며, 고무분자와 결합해 내열성, 내마모성, 강성, 내노화성을 증대시킨다.

[그림 01] 카본 블랙

2. 승차감이란 무엇인가요?

승차감에 영향을 주는 주요 인자는 짧은 단파의 흔들림을 의미하는 진동이다.

진동이 심할 경우에도 탑승자는 불쾌함을 느끼게 된다. 핸들이 좌우로 심하게 흔들리거나 차체에 진동이 발생할 경우 승차감은 최악이 되는 것이다.

이제부터 흔들림과 진동에 영향을 미치는 타이어와 휠의 진동 요인에 대해 알아보도록 하자.

모든 타이어는 제조 과정상 치수 불균일, 중량 불균일, 강성 불균일과 같은 유니포미티 요소를 가지게 되며, 휠은 치수 불균일과 중량 불균일이 존재한다. 따라서 타이어 제조사나 판매자는 타이어 종류에 따라 설비나 검사 기준치를 정하여 운영하며, 고급 타이어일수록 진동 유발 가능성이 낮다고 보면 된다. 흔히 접하는 휠 밸런스란 유니포미티의 중량 불균일을 조정하는 장비인데, 30g의 오차 발생만으로 차의 심한 진동을 유발시킬 수 있다. 타이어 교체시 반드시 전문점을 찾아 상담 후 결정하는 것이 좋은 이유가 여기에 있다. 미세한 휠 밸런스를 정확하게 잡아내면 타이어의 승차감은 자연스레 향상된다.

끝으로 흔들림에 대한 부분은 휠의 직경과 밀접한 관계가 있다. 요즘 출고되는 차들을 보면 휠 경이 과거에 비해 크게 증가되는 추세이다. 중형차의 경우 16인치에서 17, 18인치로 늘어났으며, 앞으로 나올 중대형 차들은 18, 19인치를 기본 옵션으로 채택한다고 한다. 이는 과거 쿠션 위주의 세팅에서 발생하는 흔들림을 줄이기 위한 하나의 방편으로 볼 수 있다. 국내에 수입되는 고가의 최고급 세단에 장착된 휠이 18, 19인치라는 사실에서 알 수 있듯 쿠션이 떨어진다고 해서 승차감이 저하되는 것은 아니다. 이는 기존의 승차감에 대한 고정관념이 바뀌어야 한다는 것을 의미한다.

용어정리

• 유니포미티(Uniformity):
  타이어의 균일성을 대표하는 특성이며, 유니포미티가 나쁘면 주행중 주기적인 진동, 소음 등이 발생한다.

상·하 진동 유발

좌·우 진동 유발

[그림 02] 타이어 승차감

3. 타이어의 적정 공기압은 어느 정도인가요?

승용차의 적정 공기압은 차종에 따라 달라진다. 운전석 문을 열면 B필러(Pillar)에 부착된 '타이어 표준 공기압' 스티커 또는 차량 매뉴얼을 확인하여 해당 차량에 맞는 적정 공기압을 확인할 수 있다.

여기서 주의할 것은 차량이나 매뉴얼에 기재된 수치는 냉간 시 측정하는 것이 기준이다. 그러므로 차량을 운행하여 인근 카센터나 주유소에 방문하면 이미 타이어가 발열되어 적정 공기압보다 높게 주입하는 경우가 있다. 타이어가 충분히 식었을 경우에 공기압을 주입하는 것이 적정 공기압을 주입하게 된다.

타이어에 적정 공기압을 주입해야 그 제품이 갖고 있는 중요한 성능을 충분히 발휘할 수 있다. 공기압이 부족하거나 과다할 경우에는 타이어 기능이 저하되어 타이어의 손상과 직결되는 사고의 원인이 발생할 수 있다. 그러므로 고속주행 전에는 반드시 타이어의 공기압을 점검하고 적정 상태를 유지해야 한다.

요즘은 겨울에 눈이 많이 오지 않아 특정 지역을 제외하고는 제설 작업이 잘되고 눈길을 밟을 일이 줄어들고 있다. 겨울철이라고 특별히 공기압을 높인다거나 여름이라고 공기압을 낮춰 관리하는 것보다 월 1회 정기적으로 차종별 적정 공기압을 관리하여 타이어의 주행 상태를 최적으로 유지하는 것이 더욱더 중요하다고 판단된다.

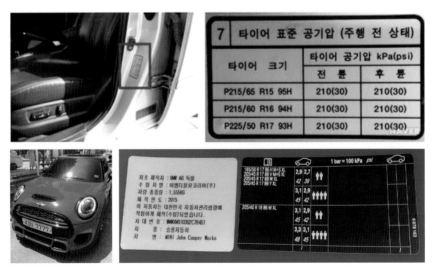

[사진 03] 타이어 적정 공기압 (출처: 내차 사용설명서)

4. 좌우 비대칭 타이어와 일반 타이어의 차이점은 무엇인가요?

타이어는 일반적으로 정면으로 보았을 때 좌우가 대칭으로 되어 있으며, 타이어를 휠에 장착할 때 좌우 구분없이 장착을 한다. 여기서 말하는 좌우 비대칭 타이어란, 타이어 중심선을 기준으로 외측과 내측의 패턴을 다르게 함으로써 주행 노면에 따라 각기 다른 성능을 얻기 위해 개발된 타이어를 말한다.

주로 고속주행 시 핸들링을 위해 제작된 UHP^{Ultra High Performance}(고성능) 타이어에 적용되며, 최근에는 크로스 오버 개념의 RV에도 많이 적용되고 있다. 좌우 비대칭 타이어의 트레드를 두 부분으로 나누었을 때 내측^{inside}은 정숙한 승차감과 저소음 성능을 구현하고, 외측^{outside}은 제동력 및 핸들링 성능을, 최적화하도록 설계되었다. 타이어를 휠에 장착 시 타이어 옆면(사이드 월)에 'OUT SIDE'라고 표기된 곳이 외측을 향하도록 장착하면 된다. V형 패턴은 위치 교환 시 앞뒤로만 가능하지만 비대칭 타이어는 전후·좌우 원하는 위치 교환이 가능하다.

용어정리

- V형 패턴

  주로 레이싱용으로 개발된 타이어로 배수성을 향상시키고 고속 주행에 적합하게 디자인된 타이어이다. 타이어를 휠에 장착 시 Rotation(ß) 마크가 주행 방향을 향하도록 장착하면 된다.

승차감과 저소음　　제동과 핸들링

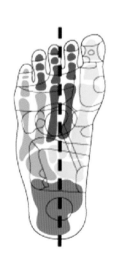

INSIDE　　OUTSIDE

[그림 04] 비대칭 타이어

5. 일반 타이어와 겨울용 타이어는 어떤 점에서 다른가요?

겨울용 타이어는 낮은 온도(영하 7℃ 이하)에서도 부드러운 유연성을 유지할 수 있는 고무를 사용하고 있다. 노면에 접지하는 블록에 많은 커프^{Kerf}를 삽입해서 접지 면적을 최대한 높여주고 수분을 흡수하여 눈길에서 보다 향상된 견인력과 제동력을 얻을 수 있도록 설계되어 있다.

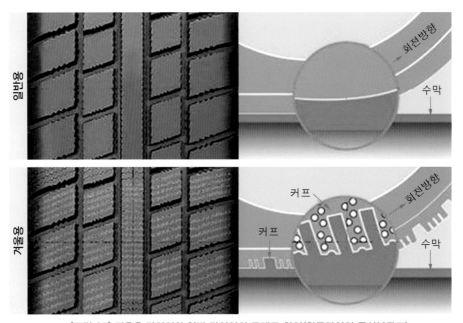

[그림 05] 겨울용 타이어와 일반 타이어의 트레드 차이(한국타이어 공식블로그)

기온에 따른 고무의 물성 변화가 적고 공회전 시 마찰력을 높여 주기 위해 신소재인 실리카 컴파운드를 첨가하여 눈길 제동력을 향상시켜 주었다.

겨울용 타이어는 마모와 연비의 경우 추운 겨울에는 일반 타이어 대비 차이가 거의 없지만 여름에 사용하면 겨울철 대비 더 부드러워져서 약 5~7%정도 저하되는 단점이 있다.

[표 1] 겨울용 타이어의 종류

스파이크 타이어 (Spike)	• 스파이크를 끼운 타이어로 빙판길에서 뛰어난 성능을 유지한다. • 눈길을 벗어난 노면에서는 승차감과 소음 성능이 떨어진다. • 일본, 독일, 오스트리아에서는 도로 파손 이유로 사용을 금지한다.
스터드리스 타이어 (Studless)	• 트레드 고무의 재료와 패턴 디자인을 변경하여 제작한다. • 최근 겨울용 타이어의 트랜드이다. • 스파이크 타이어와 성능을 비교하면 빙판길에서 약 90% 수준이며, 눈길에서는 거의 유사한 성능을 보인다.

용어정리

• 커프(Kerf)

'자국 절단'이라는 뜻으로 금속이 제거된 공간이란 의미로 사용되며 타이어에서는 타이어 바닥면의 일부분이 절단되어 제거된 공간을 의미한다.

• 실리카 (Silica)

지표면에 가장 많이 존재하는 성분이며 거의 모든 토사에 다른 성분과 결합한 규산염 광물로 존재하기도 하고 순수한 상태에서는 규사, 규석으로 존재한다. 실리카 미분은 고무 플라스틱 공업, 도료, 약품 등에도 다양하게 사용되는 중요한 공업재료이다.

6. UHP는 무슨 뜻이며 일반 타이어와 제동거리에는 어떤 차이가 있나요?

UHP는 Ultra High Performance의 약자로서 초고성능 타이어를 말한다. 타이어 제조사에 따라 기준이 다를 수 있지만 일반적으로 아래의 기준을 갖춘 타이어를 UHP 타이어라고 한다.

① 림 직경: 16인치 이상

② 편평비 기준: 55 시리즈 이하

③ 속도 등급: 'VR' 등급 이상(최고속도 시속 240km)

위에서 언급한 편평비가 낮다는 말은 타이어의 단면 폭 대비 옆면(Side wall)의 높이가 낮다는 것이다. 쉽게 얘기하면 옆에서 보았을 때 타이어의 옆면 높이가 얇아 보인다는 말이다. 즉, 편평비가 낮다는 것은 똑같은 타이어 전체 직경에서 단면 폭이 넓어진다는 뜻이고, 타이어의 폭이 넓어진다는 것은 지면에 닿는 면적이 넓다는 것을 의미한다.

이와 같이 타이어가 지면에 접지하는 면적이 넓을수록 자동차가 지면과 밀착되어 마른 노면에서 견인력과 제동력이 향상되고 결과적으로는 제동거리가 짧아지는 것이다. 이러한 UHP 타이어는 일반 타이어 대비 고가에 판매되고 있으며 제품에 따라 3~4배 정도 비싸게 판매되는 것도 있다. UHP 타이어의 주요 특징은 다음과 같다.

① 우수한 고속 선회 성능(코너링)

② 향상된 견인력 및 제동력

③ 안정된 빗길 주행 성능

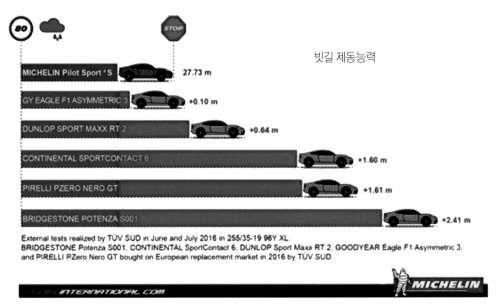

[그림 06] 타이어 성능에 따른 빗길 제동능력 차이 샘플(미쉐린 타이어)

7. 타이어를 인치 업^{Inch up}하면 어떤 점이 좋아지고 올바른 방법은 무엇인가?

타이어 인치 업이란 출고 당시 장착된 제품 규격보다 큰 사이즈의 휠과 타이어로 교체하는 것을 말한다. 타이어의 전체 직경은 기존 출고용과 동일하게 유지하고 접지 폭을 넓히고 편평비를 낮춰서 휠의 직경을 키우는 것이다.(**예**: 14인치에서 15인치로 업그레이드)

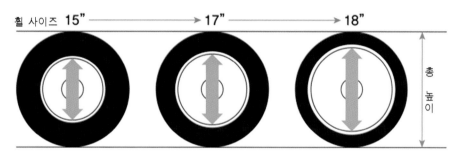

[그림 07] 타이어 인치 업

타이어의 직경 변화는 속도계 오차의 원인이 되며 직경이 커지면 속도계는 실제 속도보다 작게 나타내고, 직경이 작아지면 실제 속도보다 높은 속도를 나타내게 된다.(메이커에서 추천하는 적정 인치 업은 기존 규격 대비 2인치까지 추천하고 있다.)

[표 2] 타이어 직경

타이어 직경 산출공식				
[타이어 단면폭(mm) x 편평비/100 x 2] + [휠 사이즈(inch) x 25.4]				
변경내용	변경전	변경후(1)	변경후(2)	비고
광폭 타이어 (휠 유지)	**205/65R16** 295 x 65/100 x 2 + 16 x 25.4 = <u>672.9mm</u>	**215/60R16** 215 x 60/100 x 2 + 16 x 25.4 = <u>664.4mm(-8.5mm)</u>	**225/55R16** 205 x 55/100 x 2 + 16 x 25.4 = <u>653.9mm(-19mm)</u>	• 단면폭이 +10단위로 증가하면 • 편평비 -5단위로 준다
휠 인치업 (광폭 타이어)	**205/65R16** 205 x 65/100 x 2 + 16 x 25.4 = <u>672.9mm</u>	**215/55R17** 215 x 55/100 x 2 + 17 x 25.4 = <u>668.3mm(-4.6mm)</u>	**225/45R18** 225 x 45/100 x 2 + 18 x 25.4 = <u>659.7mm(-13.2mm)</u>	• 휠직경 1인치 증가하면 • 단면폭은 +10증가하고 • 편평비가 -10단위로 감소
	195/70R14 195 x 70/100 x 2 + 14 x 25.4 = <u>628.6mm</u>	**205/60R15** 205 x 65/100 x 2 + 15 x 25.4 = <u>627.0(-1.6mm)</u>	**215/50R16** 215 x 50/100 x 2 + 16 x 25.4 = <u>621.4mm(-7.2mm)</u> **205/55R16** 205 x 55/100 x 2 + 16 x 25.4 = <u>631.9mm(+3.3mm)</u> ☞ 타이어의 주행 테스트 결과에 따라 예외로 개발된 타이어 인치업 사이즈	

타이어 인치 업의 효과는 외관 품질을 향상시키는 드레스 업(Dress Up)효과와 타이어의 접지 면적을 넓히고 사이드 월의 높이(편평비)를 낮춰 고속 주행 시 흔들림을 최소화하여 코너링 안정성을 향상한다. 코너링 안정성을 향상시키는 퍼포먼스 업(Performance Up) 효과로 구분할 수 있다. 단점으로는 휠과 타이어를 교체하는데 경제적인 부담이 발생되고 중량이 증가하면서 연비가 저하되며, 단점으로는 휠과 타이어를 교체하는데 경제적인 부담이 발생되고 중량 증가와 편평비가 낮아지면서 연비와 승차감이 저하된다. 아울러 주행 중 마찰 소음이 증가하기도 한다.

타이어 인치 업은 전문가(타이어 전문점)와 상담을 통해 나의 취향과 주행 스타일에 맞는 튜닝 방법을 꼼꼼히 검토한 후 결정하기 바란다.

8. 타이어를 구입할 때 알아야 할 것은 무엇인가요?(타이어 검사마크, 에너지 효율)

타이어를 구입할 때에는 우선 타이어 검사 마크의 유무와 에너지 소비 효율 스티커의 내용을 확인해야 한다. 타이어 검사 마크는 생산 과정에서 국제적으로 공인된 검사 기준에 의해 합격된 제품에 대해서 인증해주는 마크로서 최근에는 이러한 검사마크 없이 유통되는 타이어가 있음으로 주의가 필요하다.

[그림 08] 타이어 검사 마크

타이어 에너지 소비 효율 등급 표시는 몇몇 국가와 더불어 국내에서도 2012년 12월 이후 에너지관리공단에서 자동차에도 적용하여 시행하고 있으며 연비 효율과 젖은 노면에서의 제동력을 표시하고 있다.

[그림 09] 타이어 에너지 효율 마크

타이어 구입 시 검사 마크나 에너지 소비 효율 등급 스티커 외에 확인해야 할 사항은 내 차의 최대 하중과 최대 속도이다.

모든 타이어에는 제품의 하중 능력을 표기하는 숫자가 표시되어 있다. 예를 들어 205/65R14 91V 라고 하면 '91' 이라는 숫자가 하중지수이다. 이 하중지수를 통해서 실제 하중을 유추하기는 어렵기 때문에 별도 조견표를 참고하여 확인하거나 타이어 사이드 월에 표시된 최대 하중 615Kg라는 표시를 확인하면 된다.

이 수치는 최대로 주입할 수 있는 MAX 공기압 상태에서 타이어 1개가 견딜 수 있는 최대 하중이므로 승용차(4륜)인 경우에는 615kg×4 = 2,460kg까지 자동차 중량을 견딜 수 있다.

나머지 최고 속도는 예를 들어 205/65R14 91V 로 표시된 타이어라면 마지막에 표시된 'V'가 속도 기호를 나타내며, 조견표를 확인하여 최대 속도를 확인하면 된다. 여기서 V는 240km/h까지 주행 가능함을 나타내며, 차량의 최고 속도가 250km/h 라면 적합하지 않은 타이어라고 볼 수 있다.

9. 여름철 안전운전을 위한 타이어 관리요령이 무엇인가요?

여름철에는 비가 많이 내리고 대기 온도도 많이 올라가기 때문에 특히 타이어 관리에 신경을 써야 한다. 특히 타이어의 마모 양상이나 공기압 상태는 다른 계절에 비하여 상대적으로 자주 점검하는 것이 필요하다.

(1) 비가 올 때

① 여름철에 마모된 타이어로 빗길을 달리게 되면 수상스키를 타는 듯한 수막(하이드로 플래닝, Hydroplaning)이 발생하여 핸들 조작이 불안정하거나 브레이크의 기능이 상실되어 위험한 상황이 될 수 있다.

② 빗길을 달릴 때에는 평소보다 20% 정도 속도를 줄여서 운행하고, 차간거리를 충분히 유지해야 한다.

③ 또한, 과마모된 타이어를 사용하지 않도록 하고 최적의 배수 효과를 유지하기 위해 그루브^{Groove} 깊이는 승용차 기준 4mm 이상 유지하도록 관리해야 한다.

(2) 온도가 높을 때

① 타이어의 공기압이 부족한 상태에서 장시간 고속주행을 할 경우 스탠딩 웨이브 현상이 발생되고 그로 인한 발열로 고무 접착력이 약화되면서 주행 중 박리현상^{Separation}이 발생하기도 한다. 특히 기온이 높은 여름철에 공기압 부족에 의한 박리현상이 더 많이 생기므로 주기적인 공기압 점검을 통해 안전 운전에 대비 해야겠다.

② 공기압이 부족하면 트레드 양 숄더부가 마모되고, 노면과 접지부의 움직임이 커져 타이어의 마모를 촉진시키게 된다.

③ 공기압이 과다한 경우에는 노면으로부터 충격 흡수력이 약해지면서 주행중 작은 충격에도 쉽게 파열되기도 한다.

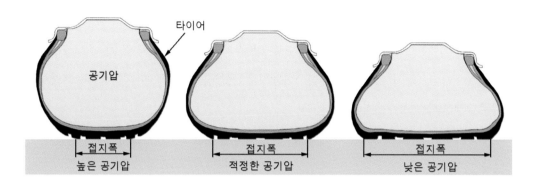

[그림 10] 타이어 공기압에 따른 도로 접지상태

타이어 마모한계 표시는 숄더^{Shoulder}부에 표시된 삼각형(△) 표시를 따라 트레드 방향 그루브를 보면 1.6mm 높이의 돌출된 고무 블록이 원준 방향으로 6군데 표시되어 있다. 운전자는 마모한계 표시를 보고 타이어의 마모상태를 상시 점검할 수 있는데 그 점검 방법은 지면과 접지하는 트레드 블록이 마모한계 표시(돌출고무)와 수평을 이루게 되면 타이어 수명이 다 한 것으로 판단하고 신품으로 교체하면 된다.

아울러 타이어 마모한계 표시에 관한 법적 해석은 자동차 안전기준에 관한 규칙(국토 해양부령 제 234호), 제 12조(주행장치) '요철형 무늬의 깊이를 1.6mm 이상 유지할 것'으로 규정하고 있으니 마모한계 표시를 확인하고 점검하는 습관을 갖기 바란다.

10. 수명을 다한 타이어의 적절한 폐기 방법은 무엇인가요?

폐타이어는 환경부의 폐기물관리법, 자원의 절약과 재활용 촉진에 관한 법률에 근거해서 처리해야 하며, 반드시 지정된 업체를 통해서 처리해야 한다. 주로 폐타이어는 회수 후에 시멘트를 만드는 가마(화로)의 보조 연료로 사용되거나 고형 연료 제품으로 재활용이 된다.

개인이 장기 보관중인 타이어를 폐기하고자 할 때는 해당 지방자치단체에 문의하여 처리해야 하고 폐타이어의 처리를 위한 수집, 운반업체, 재활용 업체의 정보는 '대한 타이어산업협회(http://kotma.or.kr/)에 문의하면 된다.

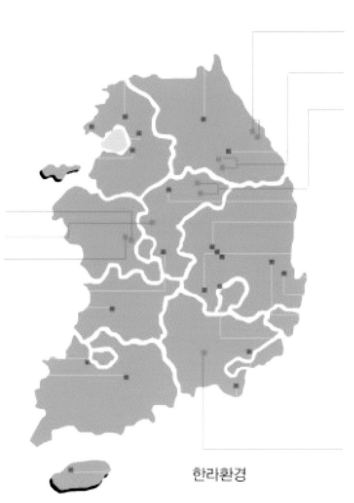

지오웨이

쌍용시멘트(동해)
동양시멘트

쌍용시멘트(영월)
현대시멘트

아세아시멘트
한일시멘트
㈜원파워

드림스타

그린월드
남명
인코어텍
다성
리드시스
거창타이어
금강라앤텍(고령)

부산타이어

크리오텍
강림 ENR(함안)

대한체육산업

대승타이어,
덕성타이어
보광타이어

아노텐금산(주)
강림 ENR(청원)
한국타이어

신조광타이어
광일

용봉화학
부성리싸이클링

한라환경

[그림 11] 폐타이어 처리업체

[별첨2] 타이어 포지셔닝 맵

(1) 국내 3사 (승용)

▶ 종합

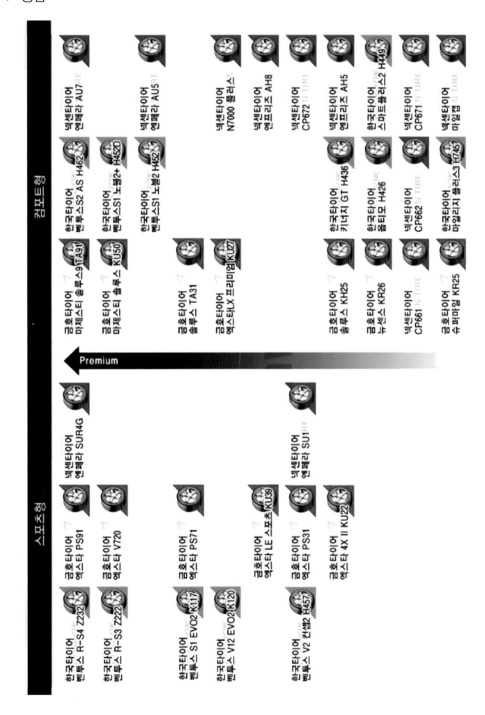

▶ 금호 타이어(승용차용)

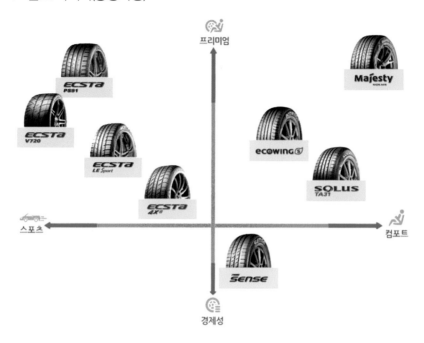

▶ 한국 타이어(승용차용)

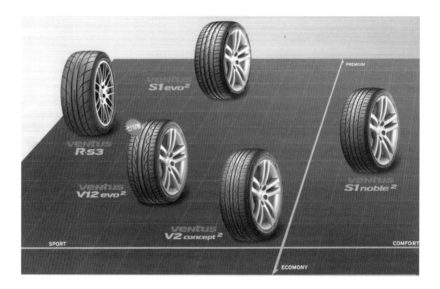

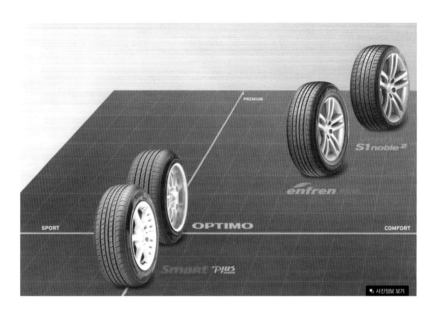

▶ 넥센 타이어(승용차용)

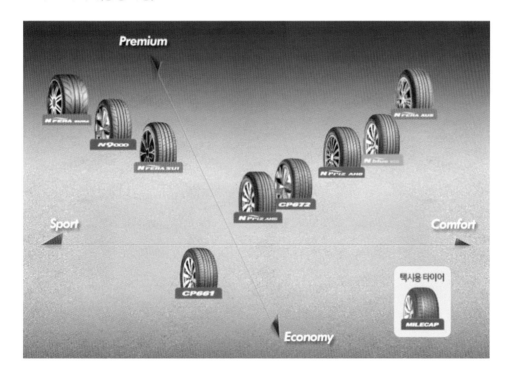

(2) 국내 3사(SUV)

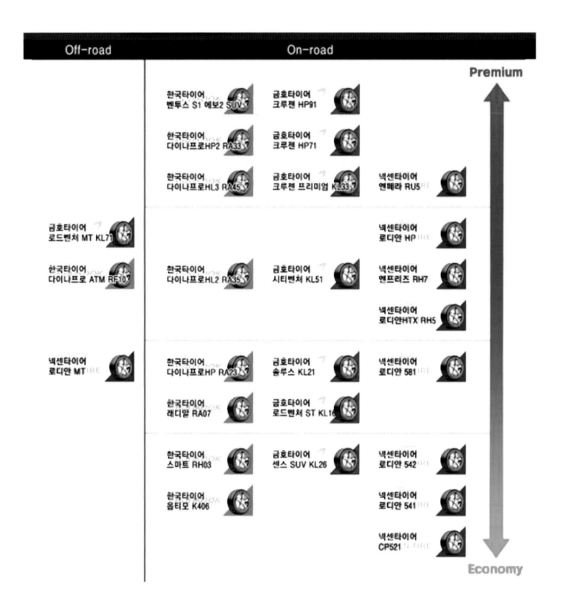

(3) 수입 타이어

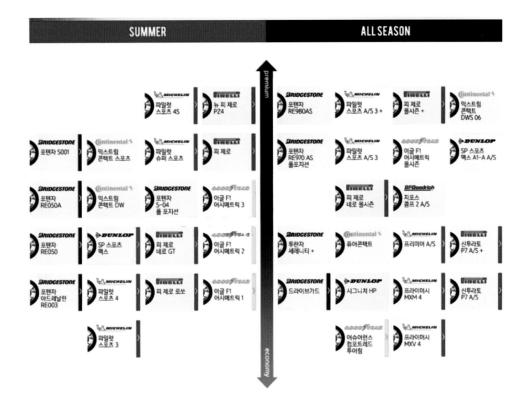

[별첨3] 타이어 판매 노하우

일반적으로 상품을 판매하는 기본적인 절차는 크게 다르지 않다. 여기서는 타이어를 구매하기 원하는 고객을 대상으로 어떻게 하면 고객의 만족도를 높이고 매장의 수익을 올릴 수 있는지에 대해서 정리한다.

단순히 타이어의 판매 증대만을 목적으로 하고 운전자의 고객 만족을 등한시 한다면 단기적으로는 매출이 늘어날 수 있지만 장기적으로는 판매 및 수익의 하락으로 나타날 수 있다. 따라서 고객의 재방문이 감소할 수밖에 없음을 명심해야 한다. 타이어를 판매하는 절차에는 접근, 구체화, 권유, 강화의 4가지로 나누어 볼 수 있다.

Step 1. 접근

접근 절차의 목적은 고객이 자신의 문제를 스스로 상담자에게 오픈하여 말할 수 있도록 분위기를 만들어야 한다. 고객은 기본적으로 처음 만나게 되면 자기의 중심적인 성향과 자기의 방어적인 성향을 가지고 있으므로 우선 상대방에게 호감을 보이고 고객을 편안한 상태로 만들어 주어야 한다. 접근 절차에서 사용할 표현 및 주의해야 할 사항은 아래와 같다.

(1) 공감대 형성

　　① 고객의 입장에서 생각해 보면~

　　② 자동차를 운전하는 분들의 입장에서 보면~

　　③ 저의 매장을 찾는 많은 분들은~

(2) 품위 유지

적절한 단어와 상대를 배려하는 화법과 매장 분위기, 복장, 매너를 유지해야 하며 주의해야 할 점은 상담 시 전문 용어를 과도하게 사용하지 말아야 한다.

(3) 능력 표현

① 지금까지 만나 봤던 많은 고객 분들은~

② 저희가 하는 일을 설명 드린다면~

여기서 주의할 점은 실제보다 더 많이 아는 척을 함으로써 고객에게 신뢰감을 잃을 수 있음으로 적정선에서 능력을 표현해야 한다.

(4) 의도

① 제가 고객님에게 질문하는 이유는 고객님의 문제를 해결하기 위해서 입니다.

② 저희가 일하는 방식은 이렇습니다.

여기서 주의할 점은 자신의 약점이나 상품, 서비스의 부정적인 면을 회피하거나 정보 제공을 꺼리지 말고 솔직하게 이야기해야 한다.

2. 구체화

구체화의 목적은 고객이 자신의 문제를 스스로 깨닫게 하고 문제에 합의하도록 하는 것이다. 구체화 절차에서 사용하는 가장 좋은 방법은 질문과 경청이다. 효과적으로 질문과 경청을 하기 위해서는 아래의 사항을 연습해야 한다.

(1) 명확하게 말하기

고객님의 말씀은 이런 말씀이시죠? 제 생각이 맞습니까?

(2) 바꿔 말하기

고객님의 말씀을 바꿔서 생각하면 이런 의미로 이해해도 되겠습니까?

(3) 요약해서 말하기

지금까지 고객님께서 하신 말씀을 정리해 보면 첫째는~~, 둘째는~~으로 생각했는데 제가 제대로 이해하고 있습니까?

(4) 반영해서 말하기

고객님의 말씀을 듣다 보니 제가 하는 작업 과정이 고객님의 승차감 향상에 중요한 역할을 할 수도 있겠구나 하는 생각이 듭니다.

(5) 답변 기다리기

고객이 질문을 하면 쉬었다가 답변을 하고 판매자가 질문을 했으면 고객이 답변할 때까지 충분히 기다리는 것이다.

3. 권유

권유의 목적은 합의한 고객의 문제를 해결하기 위해 구체적인 제안을 해주는 것이다. 권유하는 절차는 영업에서 가장 중요한 절차로써 내용, 태도, 전달 방법의 3가지를 명심해야 하며, 3가지 중 한 가지라도 부족하게 되면 판매에 실패할 수 있다.

(1) 내용

상품에 대한 특징 및 장점을 설명하고 특히 고객이 갖게 되는 이점을 설명해야 한다. 또한 이러한 설명을 뒷받침할 수 있는 근거 자료 또는 시연이 필요하다.

① 상품에 대한 특징
② 상품의 장점
③ 고객이 갖게 되는 이점
④ 자료 또는 시연

(2) 태도

판매자의 입장에서 본인이 믿는만큼 설득할 수 있으므로 우선 상품에 대한 확신과 자신감이 중요하며, 고객을 진정으로 돕고 싶은 마음으로 권유해야 한다.(자기 최면이 필요)

(3) 전달 방법

상품의 설명은 고객의 반응 및 질문에 따라 확인 질문을 하고 재설명을 한 후 마무리해야 한다. 고객에게 상품을 권유할 때 효과적으로 설명하는 비법 10가지는 다음과 같다.

① 고객의 수준에 맞추어 설명하라

② 반응(표정, 눈빛, 행동 등)을 확인하며 말하라

③ 서론을 줄이고 핵심을 이야기 하라

④ 근거를 들어 설명하라

⑤ 시범을 보이며 이해시켜라

⑥ 사례로 고객의 공감과 이해도를 높여라

⑦ 비교를 통해 특징을 부각시켜라

⑧ 한 번에 한 가지씩 설명하라

⑨ 핵심 키워드(Key Word)를 활용하라

⑩ 고객에게 통하는 말을 사용하라

4. 강화

강화의 목적은 고객 만족의 차원에서 단골 고객화하는 것이다. 판매가 이루어지고 난 후 고객은 우리 매장의 좋은 점을 주변 사람에게 홍보해 주는 구전 마케터의 역할을 수행하게 된다. 물론 불만 고객이 되는 경우에는 판매에 치명적인 영향을 미칠 수 있으므로 대다수의 고객을 통해서 매장의 홍보 및 판매를 돕는 역할을 하게 함과 동시에 불만 고객은 빠른 대응을 통해 초기에 불만을 해소시켜야 하는 것이다.

고객을 상담할 때는 다음 사항을 명심하여 진행해야 효과적으로 응대할 수 있다.

(1) 고객의 입장에서 생각하라

고객이 무슨 대접을 받고 무슨 말을 듣고 싶은지를 먼저 생각한다.

(2) 관점을 표명하여 고객의 마음을 달래 주어라

고객을 최대한 배려한다는 얘기를 한 후에 "고객님이 왜 불만을 갖게 되었는지 이해가 됩니다. 정말 저라도 화가 나겠군요"라고 고객의 입장에서 공감을 표시하면서 상담을 진행한다.

(3) 회사의 규정을 먼저 설명하려 하지 말라

화가 난 것은 감정적인 것이므로 논리적으로 대응해서는 안된다. 여기서 회사의 규정만을 설명하려 하면 고객이 상담자를 회사의 대변인으로 생각하게 되므로 "저는 고객님을 도와드리기 위해서 상담하고 있는 것입니다. 고객님의 입장에서 문제를 해결해 드리도록 노력하겠습니다." 라고 설명하여 고객을 자기편으로 만들어야 한다.

(4) 상담자의 개인감정을 드러내지 말라

고객은 회사의 규정이나 운영 절차에 불만을 제기하는 것이지 상담자 개인에게 화를 내는 것이 아니므로 고객의 반말이나 높은 언성, 과격한 행동 등에 화를 내거나 개인적인 말은 하지 말아야 한다. 고객의 불만을 효율적으로 처리하는 측면에서 잘못된 대응과 올바른 대응은 다음과 같다.

1) 고객의 불만에 대한 잘못된 대응

① 고객이 틀렸다는 것을 증명하는 것
② 내가 옳다는 것을 고객에게 증명하는 것
③ 나의 잘못이 아니라는 것을 고객에게 보이는 것
④ 어느 누구의 잘못도 아니라는 것을 고객에게 증명해 보이는 것
⑤ 어떠한 책임도 지지 않는 것

2) 고객의 불만에 대한 올바른 대응

① 어떠한 비난도 하지 않고 문제를 해결하는 것

② 발생된 문제를 올바르게 처리하기 위해 모든 책임을 지려는 자세

③ 염려와 동정을 보이는 것

④ 도움이 되려고 노력하는 것

⑤ 사과하는 태도를 먼저 보이는 것

⑥ 계속해서 관심을 보이는 것

아무튼 알고 타자!
타이어 정복기

초 판 인 쇄 | 2021년 1월 4일
초 판 발 행 | 2021년 1월 10일

저   자 | 한상우 · 김치현
편성교열 | 박장우 · 임치학
발 행 인 | 김길현
발 행 처 | (주) 골든벨
등   록 | 제 1987 – 000018호 ⓒ 2021 GoldenBell Corp.
I S B N | 979-11-5806-479-2
가   격 | 20,000원

편집 | 이상호
표지 및 디자인 | 조경미 · 김선아 · 손경림
제작 진행 | 최병석
웹매니지먼트 | 안재명 · 김경희
오프 마케팅 | 우병춘 · 이대권 · 이강연
공급관리 | 오민석 · 정복순 · 김봉식
회계관리 | 이승희 · 김경아

(우)04316 서울특별시 용산구 원효로 245(원효로 1가 53-1) 골든벨 빌딩 5~6F
· TEL : 도서 주문 및 발송 02-713-4135 / 회계 경리 02-713-4137
       내용 관련 문의 02-713-7452 / 해외 오퍼 및 광고 02-713-7453
· FAX : 02-718-5510   · http : //www.gbbook.co.kr   · E-mail : 7134135@naver.com

이 책에서 내용의 일부 또는 도해를 다음과 같은 행위자들이 사전 승인 없이 인용할 경우에는
저작권법 제93조 「손해배상청구권」에 적용 받습니다.
① 단순히 공부할 목적으로 부분 또는 전체를 복제하여 사용하는 학생 또는 복사업자
② 공공기관 및 사설교육기관(학원, 인정직업학교), 단체 등에서 영리를 목적으로
   복제 · 배포하는 대표, 또는 당해 교육자
③ 디스크 복사 및 기타 정보 재생 시스템을 이용하여 사용하는 자